Auslandseinsatz von Mitarbeitern

Praxis der Personalpsychologie

Human Resource Management kompakt

herausgegeben von
**Prof. Dr. Heinz Schuler, Dr. Rüdiger Hossiep
Prof. Dr. Martin Kleinmann, Prof. Dr. Werner Sarges**

Band 6

Auslandseinsatz von Mitarbeitern

von

Torsten M. Kühlmann

 Hogrefe

Göttingen • Bern • Toronto • Seattle

Auslandseinsatz von Mitarbeitern

von

Torsten M. Kühlmann

 Hogrefe

Göttingen • Bern • Toronto • Seattle

Prof. Dr. Torsten M. Kühlmann, geb. 1952. Studium der Psychologie, Soziologie und Betriebs-
wirtschaftslehre an der Universität Erlangen-Nürnberg. 1982 Promotion. 1988 Habilitation.
1978-1990 Mitarbeiter am Lehrstuhl für Psychologie der Universität Erlangen-Nürnberg. Seit
1992 Inhaber des Lehrstuhls „Personalwesen und Führungslehre" an der Rechts- und Wirt-
schaftswissenschaftlichen Fakultät der Universität Bayreuth. 1993-1994 Gastprofessur an der
Technischen Universität Chemnitz-Zwickau im Fach „Personalwesen und Führungslehre" und
Gastprofessur an der Bergakademie Freiberg im Fach „Personalwirtschaft".

Bibliografische Information Der Deutschen Bibliothek

Die Deutsche Bibliothek verzeichnet diese Publikation in der
Deutschen Nationalbibliografie; detaillierte bibliografische Daten
sind im Internet über <http://dnb.ddb.de> abrufbar.

© Hogrefe-Verlag GmbH & Co. KG, Göttingen · Bern · Toronto · Seattle 2004
Rohnsweg 25, D-37085 Göttingen

http://www.hogrefe.de
Aktuelle Informationen • Weitere Titel zum Thema • Ergänzende Materialien

Umschlagbild: © Bildagentur Mauritius GmbH
Satz: Grafik-Design Fischer, Weimar
Druck: AZ Druck und Datentechnik GmbH, 87437 Kempten/Allgäu
Printed in Germany
Auf säurefreiem Papier gedruckt

ISBN 3-8017-1495-0

Inhaltsverzeichnis

Karten:
Checkliste zur Vorbereitung des Auslandseinsatzes
Checkliste zur Auswahl von Angeboten zur interkulturellen Vorbereitung

1 Der Auslandseinsatz von Mitarbeitern im Überblick

1.1 Die Einbettung des Auslandseinsatzes in die Internationalisierung

Der befristete Einsatz von Mitarbeitern im Ausland zählt mittlerweile zum Standardinstrumentarium der Personalarbeit international tätiger privatwirtschaftlicher Unternehmen und öffentlich-rechtlicher Institutionen. Die anhaltende Internationalisierung des Wirtschaftslebens fordert und fördert zugleich diese Form der Mitarbeitermobilität. Zum besseren Verständnis, wie der Auslandseinsatz in die Internationalisierung eingebettet ist, sei zunächst kurz auf ihre Erscheinungsformen und Bedingungen eingegangen. Auch wenn länderübergreifenden Aktivitäten von Unternehmen auf eine lange Geschichte zurückblicken, so setzt eine Internationalisierung des Wirtschaftslebens auf breiter Front erst nach dem Ende des 2. Weltkrieges ein. Diese Entwicklung sei anhand von zwei Indikatoren illustriert. Nach Schätzungen der United Nations Conference on Trade and Development (UNCTAD) hat sich die Zahl der Unternehmen, die über ausländische Tochtergesellschaften verfügen (sog. „Multis" oder „Transnationale"), weltweit auf 60.000 erhöht. Im Jahre 1996 lag die Zahl noch bei 39.000 (vgl. Tabelle 1).

Wachsende Zahl von Unternehmen mit ausländischen Tochtergesellschaften

Tabelle 1:
International tätige Unternehmen mit ausländischen Tochtergesellschaften
(Kutschker & Schmid, 2002, S. 226)

	1996	1998	2000
Zahl von Unternehmen mit ausländischen Tochtergesellschaften	39.000	54.000	60.000
Zahl der ausländischen Tochtergesellschaften	266.000	449.000	508.000

Zahlreiche Konzerne mit Stammsitz in Deutschland finden sich unter den 100 größten international tätigen Unternehmen der Welt. Die Tabelle 2 zeigt die Rangplätze, die deutsche Großunternehmen auf dem Transnationalitäts-Index der UNCTAD einnehmen. Dieser Index fasst die drei Quoten (1) Vermögen im Ausland zu Gesamtvermögen, (2) Umsatz im Ausland zu Gesamtumsatz und (3) Zahl der Mitarbeiter im Ausland zu Gesamtbelegschaft in einem Durchschnittswert der Transnationalität zusammen (zur Kritik vgl. Kutschker & Schmid, 2002, S. 256 ff.).

Positionen deutscher Unternehmen auf dem Transnationalitäts-Index

Tabelle 2:

Der Transnationalitäts-Index (TNI) deutscher Großunternehmen (UNCTAD, 2002, S. 86 ff.)

Rank TNI	Corporation	Industry	Assets (Billion US-$)		Sales (Billion US-$)		Number of Employees	
			Foreign	Total	Foreign	Total	Foreign	Total
44	Volkswagen	Motor vehicles	42.7	75.9	57.7	79.6	160 274	324 402
93	DaimlerChrysler	Motor vehicles	...	187.0	48.7	152.4	83 464	416 501
51	BMW	Motor vehicles	31.1	45.9	26.1	34.6	23 759	93 624
77	E.on	Electricity, gas and water	29.1	114.9	41.8	86.8	83 338	186 788
37	BASF	Chemicals	23.2	36.1	26.3	33.7	48 917	103 273
31	Bayer	Pharmaceuticals	21.2	33.9	24.8	28.8	65 900	122 100
71	Siemens	Electrical & electronic equipment	...	75.2	31.3	71.3	...	448 000
86	RWE	Electricity, gas and water	13.8	60.0	16.4	44.6	45 513	152 132
96	Deutsche Post	Transport and storage	13.4	139.3	8.9	30.7	51 613	278 705
45	Robert Bosch	Machinery and equipment	11.0	22.8	21.1	29.3	108 761	198 666

Aus der Tabelle 2 ist beispielsweise zu errechnen, dass im Jahre 2000 der Volkswagenkonzern 72 % seines Umsatzes auf ausländischen Märkten erwirtschaftete, 56 % seiner Investitionen im Ausland tätigte und 49 % der Mitarbeiter nicht deutscher Nationalität waren.

Bandbreite der Internationalisierung

Die Internationalisierung der Unternehmenstätigkeit ist nicht allein auf Großunternehmen beschränkt, sondern erfasst auch den Mittelstand, der z. T. sehr erfolgreich als *hidden champions* (Simon, 1996) länderübergreifend tätig ist. Die Formen der internationalen Unternehmenstätigkeit werden zudem vielfältiger. Neben den Basisvarianten Export/Import und Gründung einer ausländischen Tochtergesellschaft haben Lizenzvergabe, Franchising, Joint Venture, Strategische Allianz, Auftragsfertigung, Fusion oder Übernahme als Möglichkeiten der internationalen Marktbearbeitung an Bedeutung gewonnen. Schließlich erweitert sich die Bandbreite der Unternehmensbereiche, die grenzüberschreitend agieren. Neben den traditionell international tätigen Funktionsbereichen Beschaffung und Absatz werden zunehmend auch Forschung und Entwicklung, Produktion oder Finanzierung multinational betrieben.

Internationalisierungstreiber

Der Internationalisierungstrend – mittlerweile ist auch häufig von einer „Globalisierung" von Märkten und Unternehmen als einer geographisch

2

besonders weitreichenden Form der Internationalisierung die Rede – beruht auf einer Reihe von Veränderungen der Rahmenbedingungen, in denen Unternehmen operieren. Diese Veränderungen begünstigen und/oder verlangen eine Internationalisierung. Häufig von der Forschung hervorgehobene Triebkräfte der Internationalisierung fasst Abbildung 1 zusammen (ähnlich Kutschker & Schmid, 2002, S. 185).

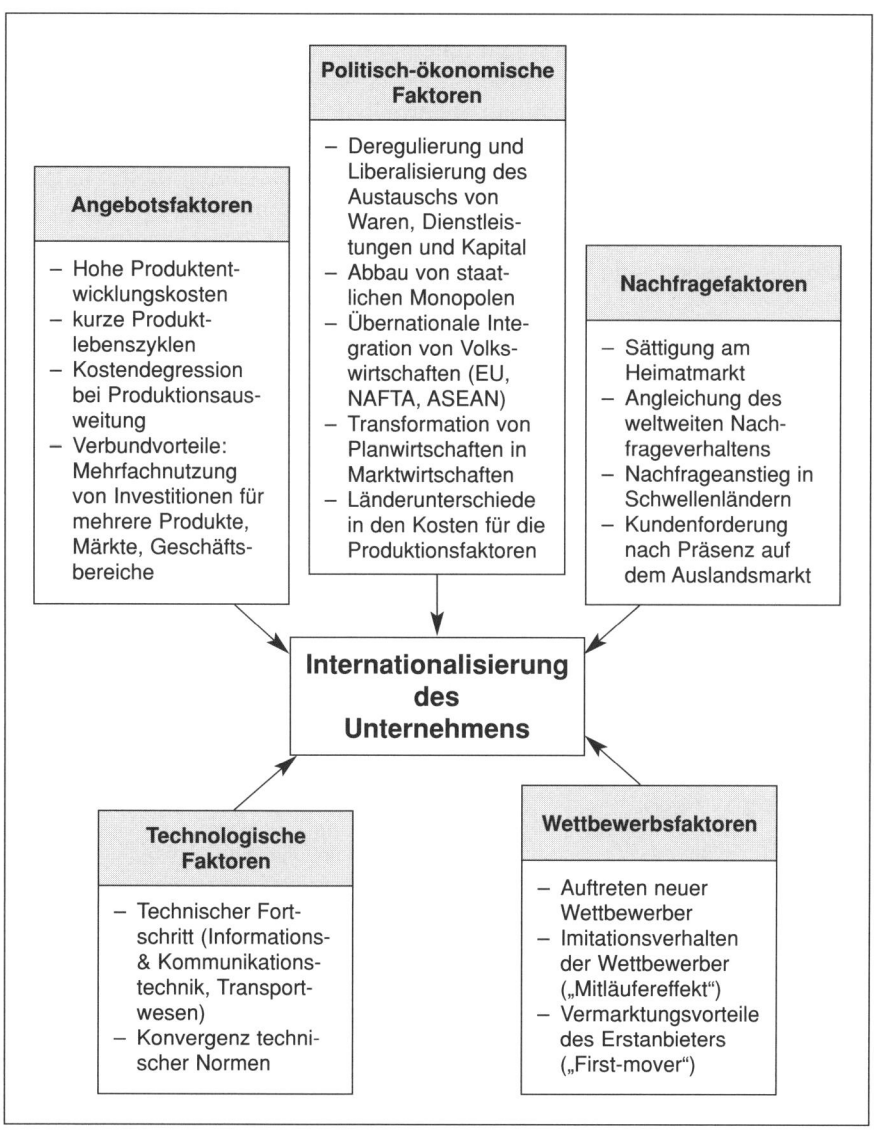

Abbildung 1:
Triebkräfte der Internationalisierung von Unternehmen

3

Der Einfluss dieser Internationalisierungstreiber ist allerdings nicht deterministisch aufzufassen, sondern erst in Wechselwirkung mit unternehmensinternen Zielen, Strategien, Kulturen und Strukturen entwickelt sich das spezifische Internationalisierungsprofil eines Unternehmens.

1.2 Begriffsklärung und Abgrenzungen

Begriff und Varianten des Auslands- einsatzes *Auslandseinsatz* bezeichnet als Sammelbegriff sowohl in der Managementliteratur als auch der Unternehmenspraxis Formen der Arbeitstätigkeit, die vom Mitarbeiter einen Aufenthalt außerhalb des Landes fordern, in dem er seinen Heimatwohnsitz hat. Die Begriffsverwendungen unterscheiden sich allerdings in der Vielfalt der angesprochenen Auslandsaufenthalte. In einer weiten Fassung wird der Begriff für Auslandsaufenthalte verwendet, die sich in Dauer, Aufgabenstellung und arbeitsvertraglicher Gestaltung deutlich unterscheiden. Die Tabelle 3 beschreibt wesentliche Varianten.

Tabelle 3:
Varianten des Auslandseinsatzes (weite Begriffsfassung)

Bezeichnung	Dauer	Wohnsitz	Arbeitsvertrag	Zweck (beispielhaft)
Geschäftsreise	mehrere Tage	Heimatland	unverändert	Abschluss eines Vertrages
Montage	mehrere Wochen	Heimatland	unverändert	Errichtung einer Anlage
Commuter-Entsendung (Rückkehr am Wochenende)	mehrere Wochen bis Monate	Heimatland	unverändert	Mitarbeit an einer internationalen Marketingstudie
Abordnung	3 bis 12 Monate	Heimatland	Vertragsergänzung mit Heimatunternehmen	Personalentwicklung
(befristete) Versetzung	1 bis 5 Jahre	Ausland	neuer Vertrag mit Auslandsgesellschaft; ruhender Vertrag mit Heimatunternehmen	Errichtung einer Auslandsgesellschaft
Übertritt	unbegrenzt	Ausland	neuer Vertrag mit Auslandsgesellschaft	Übernahme der Geschäftsführung einer Auslandsgesellschaft

4

Als eine weitere, vergleichsweise neue Form des Personaleinsatzes im Ausland gilt der *virtuelle Auslandseinsatz* (Iten, 2001). Hierbei handelt es sich um eine Sonderform der Telearbeit. Der Mitarbeiter wird – zeitlich unbefristet – in eine Auslandsgesellschaft versetzt und unterliegt deren Weisungsrecht. In welchem Umfang er am bisherigen, am neuen oder am Heimarbeitsplatz physisch präsent ist, darüber entscheidet der Mitarbeiter nach Maßgabe der anstehenden Arbeitsaufgaben. Der Wohnsitz im Heimatland bleibt erhalten. Zur Kommunikation mit den im Ausland tätigen Kollegen, Mitarbeitern und Vorgesetzten werden Informations- und Kommunikationstechniken, wie z. B. Videokonferenzen, Telefonkonferenzen, Voice Mail oder E-Mail, intensiv genutzt. Da die persönliche Anwesenheit am ausländischen Arbeitsplatz hierdurch nicht vollständig ersetzt werden kann, reist der *virtuelle Entsandte* mehrmals im Monat zur Auslandsgesellschaft. Zu den Aufgabenfeldern, für die sich die Option des virtuellen Auslandseinsatzes eignet, zählen etwa Beratungstätigkeiten, die Begleitung von Organisationsveränderungen oder die Mitarbeit in Produktentwicklungsteams (vgl. den Erfahrungsbericht bei IBM; Iten, 2001).

Virtueller Auslandseinsatz

In engeren Begriffsfassungen wird der Auslandseinsatz mit befristeten Auslandstätigkeiten gleichgesetzt, die durch eine Erweiterung des Anstellungsvertrages mit dem bisherigen Arbeitgeber (= *Abordnung*) oder dem Abschluss eines neuen Arbeitsvertrages mit der Auslandsgesellschaft, bei gleichzeitigem „Ruhen" des bisherigen Arbeitsvertrages, geregelt werden (= *befristete Versetzung*). Die arbeits- und sozialversicherungsrechtlichen Merkmale beider Einsatzformen beschreibt im Detail die Deutsche Gesellschaft für Personalführung (1995, S. 42 ff.). Im Anhang 7.1 ist ein Mustervertrag für eine Versetzung wiedergegeben. Die folgenden Ausführungen zum internationalen Personaleinsatz und seiner Gestaltung orientieren sich schwerpunktmäßig an diesen beiden Formen des Auslandseinsatzes. Im Anschluss an den verbreiteten Sprachgebrauch werden in der vorliegenden Arbeit die Abordnung und die befristete Versetzung unter den Oberbegriff der *Auslandsentsendung* zusammengefasst. Als Prototyp des internationalen Personaleinsatzes hat die Auslandsentsendung bislang die weitaus meiste Beachtung in der Forschung und der internationalen Personalpraxis gefunden.

Konzentration auf Auslandsentsendungen, d. h. Abordnungen und befristete Versetzungen

Mustervertrag

Als weitere Einschränkung des hier zu behandelnden Themenfeldes ist die Konzentration auf privatwirtschaftliche Unternehmen zu nennen. Zweifelsohne gab und gibt es Auslandsentsendungen auch in öffentlich-rechtlichen Institutionen wie Entwicklungshilfeagenturen, Kirchen, Wohltätigkeitsverbänden, europäischen Behörden oder Organisationen der Vereinten Nationen. Jedoch liegen für diese Institutionen kaum wissenschaftliche Erkenntnisse zur Gestaltung des Auslandseinsatzes ihrer Mitarbeiter vor.

Auslandsentsendungen durch private Unternehmen im Mittelpunkt

Mit dem Begriff des Auslandseinsatzes bzw. der Auslandsentsendung ist keine Festlegung der involvierten Mitarbeitergruppen sowie der Mobilitätsrichtung getroffen. Mit fortschreitender Internationalisierung oder gar

Entsandte Mitarbeitergruppen

Globalisierung der Unternehmen aller Größenklassen bleibt grenzüberschreitende Arbeitstätigkeit nicht allein auf Spezialisten und Führungskräfte beschränkt, sondern betrifft zunehmend Mitarbeiter aus allen Aufgabenbereichen und hierarchischen Positionen. Diese Entwicklung illustriert etwa die Entsendung deutscher Facharbeiter aus deutschen Betrieben der BMW AG in das neugegründete Werk im US-amerikanischen Spartanburg zum Zwecke der Einweisung der lokalen Mitarbeiter oder das internationale Traineeprogramm für Hochschulabsolventen der Bosch GmbH, das bereits während der Ausbildungsphase Auslandsaufenthalte vorsieht.

Entsendungs-richtungen Im Hinblick auf die Entsenderichtung zeichnet sich bei Auslandseinsätzen die Tendenz ab, nicht mehr allein das Stammhaus des Unternehmens als Ausgangspunkt für die grenzüberschreitende Tätigkeit zu sehen und Stammlandangehörige im Ausland einzusetzen. In steigendem Umfang werden auch lokale Mitarbeiter der Auslandsgesellschaften in das Stammhaus entsandt oder Drittlandangehörige mit grenzüberschreitenden Aufgaben betraut.

1.3 Bedeutung des Auslandseinsatzes für das Personalmanagement

Die systematische und vorausschauende Gestaltung von Auslandseinsätzen zählt zu einem zentralen Aufgabenbereich der Personalpraxis in international tätigen Unternehmen. Sein Stellenwert beruht auf einer Reihe von Risiken, die sowohl für das entsendende Unternehmen als auch für den entsandten Mitarbeiter mit einem Auslandseinsatz verbunden sein können:

Das Risiko der vorzeitigen Beendigung eines Auslands-einsatzes Mitarbeiter, die sich unter den andersartigen Lebens- und Arbeitsbedingungen im Ausland nicht wohl fühlen, ihre gewohnte Arbeitsleistung unterschreiten oder im Gastland gar auf Ablehnung stoßen, neigen dazu, ihren Einsatz im Ausland vorzeitig abzubrechen. Exakte Angaben zu Abbruchquoten bei Auslandsentsendungen liegen nicht vor (Daniels & Insch, 1998). Nach einer älteren Umfrage von Tung (1982) bei multinationalen Unternehmen aus den USA, Japan und Europa liegen die Abbruchquoten bei US-amerikanischen Unternehmen am höchsten. Ca. 70 % gaben Quoten zwischen 10 und 20 % an, während die Angaben europäischer und japanischer Unternehmen mehrheitlich bei maximal 5 % lagen. Mendenhall und Oddou (1985) schätzen, dass zwischen 1965 und 1985 zwischen 25 und 40 % der Auslandsentsandten US-amerikanischer Unternehmen vorzeitig zurückgekehrt sind. Als besonders hoch gilt die Abbruchquote bei Einsätzen in Entwicklungsländern. Eine neuere Untersuchung bei 16 deutschen Unternehmen (Horsch, 1995) zeigt – bei hoher Streubreite – eine typische Abbruchquote von maximal 5 %.

Kosten des Abbruchs einer Auslands-entsendung Die direkt zurechenbaren Kosten für eine vorzeitig abgebrochene Entsendung werden mit dem Zwei- bis Vierfachen des Bruttojahresgehaltes des zurückkehrenden Mitarbeiters beziffert. Nicht eingerechnet sind die Kosten,

6

die bei einer Fehlbesetzung aus dem Verlust von Kunden, der Demotivierung von Mitarbeitern oder der Verschlechterung der Beziehungen zu den Gastlandinstitutionen entstehen. Ebenfalls nicht beachtet sind in diesem Kalkül die psychischen Kosten für den zurückkehrenden Mitarbeiter: Gefühl, versagt zu haben; Karriereknick; Verlust des Ansehens im Kollegenkreis.

„Brownouts"

Auch wenn ein Auslandseinsatz nicht vorzeitig beendet wird, so erreichte ein beträchtlicher Anteil der Entsandten doch nie das im Inland gewohnte und für die Auslandsposition erwartete Leistungsniveau. Black, Gregersen, Mendenhall und Stroh (1999) schätzen, dass zwischen 30 und 50 % aller US-amerikanischen Entsandten dieser Kategorie (*brownouts*) zuzurechnen sei. In den ersten Wochen und Monaten einer Entsendung ist eine derartige Minderleistung der Normalfall. Somit steht den hohen Entsendungskosten – in Höhe etwa des Zwei- bis Dreifachen des Gehaltes für eine vergleichbare Position im Inland – eine unterdurchschnittliche Mitarbeiterleistung gegenüber.

Enttäuschte Erwartungen von Auslandsrückkehrern

Nach ihrer Rückkehr aus dem Ausland erwägen viele ehemalige Entsandte, ihr Arbeitsverhältnis zu kündigen. Gefördert werden die Fluktuationsabsichten vom Mangel an herausfordernden Arbeitsplätzen für den Rückkehrer im entsendenden Unternehmensteil, von enttäuschten Erwartungen über die Karriereförderlichkeit eines Auslandsaufenthaltes, vom Eindruck, dass die Auslandserfahrungen im Unternehmen nicht ausreichend gewürdigt werden, und nicht zuletzt vom Wegfall der mit dem Auslandsaufenthalt verknüpften finanziellen Zulagen und Vergünstigungen. Umfragen bei Entsandten zeigen, dass die Handhabung der Rückkehr durch das entsendende Unternehmen im Vergleich zur Auslandsvorbereitung und -betreuung am wenigsten zufriedenstellend ist (Einfalt, 2000; Tung, 1998).

Hohe Fluktuationsrate bei Auslandsrückkehrern

Untersuchungen zur Fluktuation von ehemaligen Entsandten in den USA verweisen darauf, dass binnen eines Jahres nach der Rückkehr ca. 20 % der ehemaligen Auslandsentsandten das Unternehmen verlassen haben (Black et al., 1999). In einer US-amerikanischen Studie berichten die 150 befragten Unternehmen, dass 26 % der Rückkehrer innerhalb von zwei Jahren den Arbeitgeber wechseln (GMAC Global Relocation Services, 2002). Damit ist es dem entsendenden Unternehmen in vielen Fällen nicht mehr möglich, das im Ausland gewonnene Erfahrungswissen der entsandten Mitarbeiter, das als implizites Wissen schriftlich kaum dokumentiert wird, auszuschöpfen. Da viele der kündigenden ehemaligen Entsandten zu Konkurrenzunternehmen wechseln, kommen die hohen Investitionen in die Entsendung des Mitarbeiters de facto dem Wettbewerber zugute.

Entmutigung potenzieller Entsendungskandidaten

Vorzeitig zurückkehrende Auslandsentsandte, Berichte über Minderleistungen entsandter Mitarbeiter oder die hohe Kündigungsrate bei den Auslandsrückkehrern fördern bei potenziellen Entsendungskandidaten die Auffassung, dass ein Einsatz im Ausland mit einem hohen Risiko des Scheiterns der eigenen Karriere im Unternehmen verknüpft ist. Breitet sich diese Auffassung in einem Unternehmen aus, wird es zunehmend schwieriger, die bestgeeigneten Mitarbeiter für einen Auslandseinsatz zu gewinnen, was die Gefahr weiterer „Fehlschläge" einer Auslandsentsendung in sich birgt. Der drohende Teufelskreis von Misserfolgen im Auslandseinsatz, die Rekrutierungsprobleme bei künftigen Entsendungen nach sich ziehen, was weitere Misserfolge begünstigt, gefährdet letztlich jede Internationalisierungsstrategie, in der Auslandsentsendungen von Mitarbeitern eine Rolle spielen.

1.4 Betrieblicher Nutzen des Auslandseinsatzes

Zielbündel für eine Auslandsentsendung

Mit einem Auslandseinsatz verfolgen Unternehmen unterschiedliche Ziele, die zur Umsetzung der jeweiligen Internationalisierungsstrategie eines Unternehmens beitragen (sollen). Aus einer Reihe von empirischen Studien zur Auslandsentsendung lassen sich drei Zielbündel ableiten, die für international tätige Unternehmen gegenwärtig maßgeblich sind: (1) Koordination der Unternehmenstätigkeit im In- und Ausland, (2) Wissenstransfer und (3) Personalentwicklung (vgl. Abbildung 2).

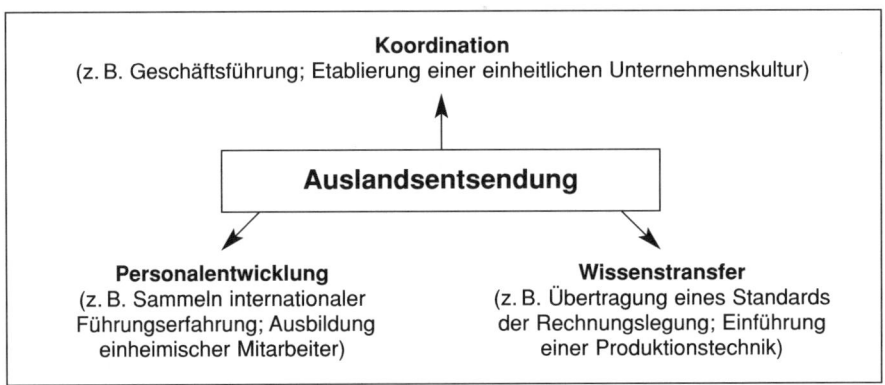

Abbildung 2:
Wichtige Ziele einer Auslandsentsendung aus Unternehmenssicht

Koordination der Unternehmenstätigkeit

Ein erstes Bündel lässt sich als *Koordination der Unternehmenstätigkeit im In- und Ausland* umschreiben. Mitarbeiter werden etwa mit der Aufgabe entsandt, den Informationsaustausch zwischen den in- und ausländischen Unternehmensbereichen zu gewährleisten, Führungsinstrumente unternehmensweit zu vereinheitlichen oder die Auslandsaktivitäten zu kontrollieren. In Verfolgung dieser Zielsetzung werden insbesondere Positionen in der Geschäftsleitung der ausländischen Unternehmenseinheiten mit Entsandten aus der Unternehmenszentrale besetzt (vgl. Wolf, 1997). Eine

8

zweite Zielkategorie kann als *Wissenstransfer an ausländische Mitarbeiter* charakterisiert werden. Bei der Verlagerung von Produktionsanlagen oder bei Mangel an qualifizierten Führungskräften im Ausland sollen Entsandte Technikwissen und Managementpraktiken vermitteln. Eine dritte Zielgruppe lässt sich als *Personalentwicklung der Entsandten* kennzeichnen. Der Entsandte soll während seines Auslandseinsatzes Erfahrungen sammeln und Kompetenzen erwerben, die ihn für die internationalen Arbeitsaufgaben qualifizieren. Die Entsendung ist unter dieser Perspektive Teil einer systematisch betriebenen Laufbahnplanung und hat nach neueren Umfragen deutlich an Gewicht gewonnen (zusammenfassend: Black et al., 1999; Horsch, 1995; Welge & Holtbrügge, 2000).

Nach wie vor lässt sich aber auch die bereits von Galbraith und Edström (1976) berichtete *Abstellgleisstrategie* nachweisen, gemäß der Mitarbeiter mangels geeigneter Positionen im Inland ins Ausland entsandt werden, ohne dass Aufgaben aus den genannten Zielkategorien im Vordergrund stehen (Welge & Holtbrügge, 2000). Deutlich zurückgetreten ist in neueren Untersuchungen als Entsendungsmotiv der Ausgleich eines Mangels an qualifizierten Fach- und Führungskräften im Ausland (Einfalt, 2000; Horsch, 1995). Diese Zielrichtung spielt allenfalls noch bei Entsendungen in Entwicklungsländer eine Rolle.

Die genannten Ziele schließen sich nicht wechselseitig aus, sondern bei einer Auslandsentsendung sind meist mehrere der genannten Ziele – wenn auch nicht gleichgewichtig – maßgeblich. Bei der Verfolgung der genannten Entsendungsziele gerät der Entsandte nicht selten in Rollenkonflikte, da den Erwartungen des entsendenden Unternehmens abweichende Interessen im Gastland gegenüberstehen können. Die Prioritäten, die den einzelnen Entsendungszielen zugeordnet werden, unterscheiden sich von Unternehmen zu Unternehmen und können sich auch im selben Unternehmen im Zeitablauf verändern.

Nicht minder vielfältig als die Unternehmensziele sind die Beweggründe beschreibbar, die Mitarbeiter zu einem Auslandseinsatz veranlassen oder sie davon abhalten (vgl. Tabelle 4).

Tabelle 4:
Chancen und Risiken einer Auslandsentsendung aus Mitarbeitersicht

Chancen einer Auslandsentsendung	Risiken einer Auslandsentsendung
– Verbesserung der beruflichen Qualifikation – Übernahme eines größeren Verantwortungsbereiches – Interesse an neuen Erfahrungen – Einkommensverbesserung – Steigerung der Karrierechancen – Statusgewinn – gute Lebensbedingungen im Gastland	– Widerstand des – häufig berufstätigen – Partners – schulpflichtige Kinder – schlechte Lebensbedingungen im Gastland – Ungewissheit über die Karriereentwicklung nach der Rückkehr – Wegfall des Partnereinkommens

**Verbreitete
Zurückhaltung
von Mitarbeitern
gegenüber einer
Auslands-
entsendung**
Die individuelle Abwägung der Gründe, die für oder gegen eine Auslandsentsendung aus Mitarbeitersicht sprechen, führt nach wie vor dazu, dass
Mitarbeiter im großen Umfang das Angebot einer Entsendung ins Ausland
ablehnen. In einer neueren Umfrage bei 270 europäischen Unternehmen
berichten 80 % der Unternehmen, dass Mitarbeiter eine Auslandsentsendung aus familiären Gründen (Berufstätigkeit des Partners; Schulausbildung der Kinder) abgelehnt haben (PriceWaterhouseCoopers, 2001). Die
Zahl der Ablehnungen hat sich nach dieser Studie bei 50 % der Unternehmen gegenüber früheren Erhebungszeiträumen noch erhöht.

Den Einfluss der Lebensbedingungen, die man am Zielort vorzufinden erwartet, auf die Entsendungsbereitschaft illustriert eine Umfrage von Tung
(1997) bei 400 Auslandsentsandten nordamerikanischer Unternehmen.
Während Kulturunterschiede sowie Differenzen in der ökonomischen Entwicklung zwischen Heimatland und Gastland nach Aussagen der Entsandten keine Entsendungsbarrieren bilden, wirken Beeinträchtigungen in den
Lebensumständen (wie tropisches Klima; beengte Wohnbedingungen) oder
instabile politische Situationen eher abschreckend. Dementsprechend gering
fällt die Bereitschaft aus, eine Entsendung in Länder Afrikas, Osteuropas
oder des Nahen/Mittleren Ostens zu akzeptieren.

1.5   Zukunftstrends

Auslandseinsätze gehören mittlerweile zum Arbeitsalltag international tätiger Unternehmen. Exakte Angaben über die Zahl der Entsendungen durch
Unternehmen, die in Deutschland ihren Stammsitz haben, sind nicht er-
hältlich. Nach eigenen Recherchen liegt der Anteil von Auslandsentsandten an der Gesamtbelegschaft in den größten deutschen Unternehmen bei
durchschnittlich 0,8 %. In einer Hochrechnung ergibt sich hieraus für die
100 größten deutschen Unternehmen die Anzahl von 60.000 Entsandten,
die zur Zeit im Ausland tätig sind.

In einer neueren Umfrage bei 270 europäischen Unternehmen, die über
65.000 Entsandte im Ausland zu Zeit der Befragung verfügten, berichten
mehr als 50 % von einem Anstieg der Entsendungen zwischen 1997 und
1999 (PriceWaterhouseCoopers, 2001). Der Anstieg verteilt sich nicht
gleichmäßig auf alle Zielregionen von Auslandsentsendungen. Besonders
profitiert vom Entsendungszuwachs haben die Länder Westeuropas sowie
die USA. Rückläufig dagegen ist der Anteil von Entsendungen in Entwicklungsländer, was zum Teil auf den zunehmenden Druck dieser Länder
rückführbar ist, lokale Mitarbeiter bei der Stellenbesetzung zu bevorzugen
bzw. die Zahl der Entsendungen zu begrenzen. Verantwortlich für die steigende Zahl von Auslandsentsendungen sind nicht allein grenzüberschreitend tätige Großunternehmen, sondern auch kleinere und mittlere Firmen
sowie ehemalige Staatsunternehmen (z. B. im Telekommunikationsbereich),

die mit der Privatisierung ihre internationale Geschäftstätigkeit verstärken (vgl. Scullion & Brewster, 2001).

Der Prozentsatz von weiblichen Entsandten liegt sehr niedrig. Die bereits erwähnte Umfrage bei europäischen Unternehmen (PriceWaterhouseCoopers, 2001) berichtet von 9 % weiblichen Entsandten. In einer aktuellen Studie bei 150 US-amerikanischen Unternehmen sind 16 % aller Entsandten weiblich (GMAC Global Relocation Services, 2002, vgl. ähnlich Tung, 1997). Noch am höchsten ist der Anteil weiblicher Entsandter in skandinavischen Firmen (Suutari & Brewster, 1999). Gegenüber früheren Untersuchungen wird ein zwar langsames, aber stetiges Wachstum des Anteils weiblicher Entsandter deutlicher erkennbar (GMAC Global Relocation Services, 2002). Die Unterrepräsentation von Frauen im Auslandseinsatz ist das Ergebnis eines komplexen Bedingungsgefüges, das kontrovers diskutiert wird. Häufige Begründungen sind die mangelnde Akzeptanz von Frauen in zahlreichen Gastländern, die stärkere Einbindung von Männern in informelle Netzwerke, die zur Bevorzugung männlicher Entsendungskandidaten führe, die traditionelle Bereitschaft von Frauen, Partnerschaft und Familie gegenüber einer Berufskarriere den Vorrang einzuräumen oder die vergleichsweise geringe Zahl von Frauen in Führungspositionen (vgl. Caligiuri, Joshi & Lazarova, 1999; Linehan & Scullion, 2001).

Der Anteil weiblicher Entsandter nimmt langsam zu

Innerhalb der unterschiedlichen Formen des internationalen Einsatzes von Mitarbeitern ist ein überproportionaler Anstieg von Kurzzeitentsendungen in den letzten Jahren beobachtbar (vgl. Abbildung 3). Begünstigt wird diese Entwicklung durch die vergleichsweise geringe geographische Distanz in Europa, die Entwicklung der Kommunikations- und Informationstechnik sowie die geringe Bereitschaft vieler Mitarbeiter, angesichts der Karriere des Ehepartners und der Schulausbildung der Kinder längere Zeit ins Ausland zu übersiedeln.

Steigende Zahl von Kurzzeitentsendungen

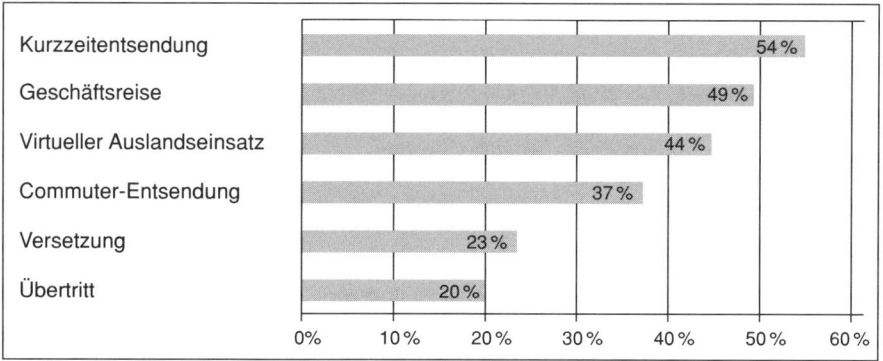

Abbildung 3:
Zunahme verschiedener Formen des Auslandseinsatzes zwischen 1997 und 1999
(PriceWaterhouseCoopers, 2001, S. 4)

11

Begründungen
für die
Ablehnung des
Angebots, ins
Ausland
entsandt zu
werden

Der steigenden Nachfrage nach entsendungsbereiten Mitarbeitern steht nach wie vor nur eine begrenzte Bereitschaft gegenüber, eine Entsendung zu akzeptieren. In der angeführten Studie zum internationalen Personaleinsatz in europäischen Unternehmen beklagen 80 % der Befragten, dass zur Entsendung vorgesehene Mitarbeiter den Wechsel auf eine ausländische Position abgelehnt hätten (PriceWaterhouseCoopers, 2001). Als Ablehnungsgrund wird von Kandidaten am häufigsten die familiäre Situation genannt (Berufstätigkeit des Partners, Ausbildung der Kinder). Ein weiterer verbreiteter Grund für die Ablehnung einer Auslandsentsendung ist die Befürchtung, nach der Rückkehr keine angemessene Anschlussposition im entsendenden Unternehmen vorzufinden (GMAC Global Relocation Services, 2002). Die skeptische Haltung vieler Mitarbeiter gegenüber einer Auslandsentsendung begrenzt nach Auffassung verschiedener Autoren mittlerweile die weitere internationale Expansion europäischer Unternehmen (Scullion & Brewster, 2001). Folgt man den Umfrageergebnissen von Tung (1997), dann sind die Bereitschaft, im Zusammenhang mit Auslandsentsendungen familiäre Belange hintanzustellen, und die Überzeugung, dass eine Entsendung karriereförderlich sei, bei Entsandten US-amerikanischer Unternehmen deutlich stärker ausgeprägt.

2 Theorien und Modelle zum Leben und Arbeiten im Ausland

Der Einsatz im Ausland konfrontiert den Mitarbeiter und die ihn evtl. begleitenden Personen (Partner, Kinder) mit einer Reihe kritischer Erfahrungen, die es zu bewältigen gilt (vgl. Abbildung 4).

- Ausländische Interaktionspartner reagieren anders als vom Mitarbeiter erwartet.
- Vertraute Signale, Worte und Verhaltensweisen werden im Ausland mit anderen Bedeutungen verknüpft.
- Die Ziele, Normen und Rollen, die das Verhalten der Mitglieder im Gastland bestimmen, bleiben verborgen.
- Bisher bewährte Verhaltensroutinen erweisen sich in der neuen Umgebung als unzureichend.
- Der Spielraum zwischen dem im Gastland erwünschten und unerwünschten Verhalten kann vom Mitarbeiter nicht klar abgegrenzt werden.
- Der Mitarbeiter muss auf vertraute Annehmlichkeiten verzichten und bisher ungewohnte Belastungen ertragen.

Abbildung 4:
Charakteristische Erfahrungen während der Auslandsentsendung (Kühlmann & Stahl, 2001)

12

In der Auseinandersetzung mit diesen Herausforderungen verändern sich Wahrnehmen, Denken, Fühlen und Verhalten des ins Ausland entsandten Mitarbeiters in vielfältiger Weise. In ihrer Gesamtheit und ohne bereits die Ergebnisse der Veränderungen vorwegzunehmen, lassen sich diese Vorgänge als *Anpassung* charakterisieren. Zur Beschreibung der Herausforderungen und der von ihnen angestoßenen Anpassung des Entsandten sind eine Reihe von Phasenmodellen vorgeschlagen worden, die idealtypisch charakteristische Erfahrungen und Verhaltensweisen im Verlauf einer Entsendung identifizieren. Am bekanntesten geworden sind das Kulturschock-Modell von Oberg (1960) und die U-Kurven-Hypothese von Lysgaard (1955), die beide die Anpassung als Bewältigung einer umfassenden psychischen Krise konzipieren. Das Modell von Oberg unterscheidet vier Phasen, die regelhaft während eines Auslandsaufenthaltes durchlaufen werden (vgl. Tabelle 5).

Tabelle 5:
Das Modell des Kulturschocks (in Anlehnung an Oberg, 1960)

Phase	Merkmale
Flitterwochen	Begeisterung und Faszination für die fremde Kultur dominieren. Zu den Gastgebern bestehen freundliche, oberflächliche Beziehungen.
Krise	Unterschiede der Sprache, Konzepte, Werte und Symbole zwischen der Heimat und der Gastkultur bewirken Gefühle der Unzulänglichkeit, Angst und Verärgerung. Vermehrt wird der Kontakt zu anderen Landsleuten gesucht.
Erholung	Die Kenntnisse der Landessprache verbessern sich. Man findet sich in der neuen Umgebung zurecht. Die Einstellung gegenüber der Gastkultur verbessert sich wieder.
Anpassung	Die Eingliederung ist abgeschlossen. Man akzeptiert die Gepflogenheiten der anderen Kultur. Ängste treten kaum mehr auf.

Lysgaard's U-Kurven-Hypothese unterstellt, dass Menschen sich zu Beginn eines Auslandsaufenthaltes in gehobener Stimmung befinden, dann eine Phase der Konfusion, der Hilflosigkeit und der Niedergeschlagenheit erleben, der schließlich ein Anstieg an Zufriedenheit mit dem Grad der erreichten Anpassung in Beruf und Privatleben folgt. Osland (1995) setzt die Anpassung im Rahmen eines Auslandsaufenthaltes in Beziehung zu den Stationen eines Reisenden, die sich in Helden-Mythen aus aller Welt – etwa in der Odyssee – immer wieder als archetypisches Baumuster finden: Aufforderung zum Abenteuer; Eintreten in die Fremde; Begegnung mit einem Mentor; Bewältigung verschiedener Prüfungen; Rückkehr usw. (vgl. Campbell, 1978). Die empirische Evidenz für diese und andere Phasenmodelle der Auslandsentsendung ist begrenzt (Black & Mendenhall, 1991). So zeigt Kealey (1989) anhand einer Untersuchung ausscheidender Entwicklungshelfer, dass die Zufriedenheit mit der Entsendung mehrheitlich nicht den von der U-Kurven-Hypothese vorausgesagten Verlauf nahm. Offenbar beginnt nicht jeder Auslandseinsatz mit Freude und Optimismus, die Phase der Desorientierung und Depression tritt nicht regelmäßig auf, und nicht allen Auslandsentsandten gelingt es, sich zufriedenstellend mit den Gegebenheiten des Gastlandes zu arrangieren. Tung (1998) berichtet, dass 70 % der von ihr befragten Auslandsentsandten nordamerikanischer Unternehmen zwischen vier und zwölf Monaten benötigt haben, um sich mit der neuen Stelle und dem Lebensumfeld zufriedenstellend zu arrangieren.

Zwischen verschiedenen Zielrichtungen oder Strategien der Anpassung unterscheidet die Typologie von Berry (1994). Ausschlaggebend für die Wahl einer Strategie der Anpassung ist das Ausmaß der Wertschätzung gegenüber der eigenen Kultur und die subjektive Bedeutsamkeit von Beziehungen zu Mitgliedern der Kultur des Gastlandes (vgl. Abbildung 5).

Die Präferenz für eine der vier genannten Anpassungsstrategien variiert mit den angesprochenen Lebensbereichen (Familie, Freizeit, Arbeit), der Aufenthaltsdauer und der Haltung der Gesellschaft des Gastlandes gegenüber dem Entsandten.

Wie „erfolgreich" eine Anpassung bei Auslandsentsandten verläuft, lässt sich umfassend nur über einen Satz von Kriterien bestimmen. Eingebürgert

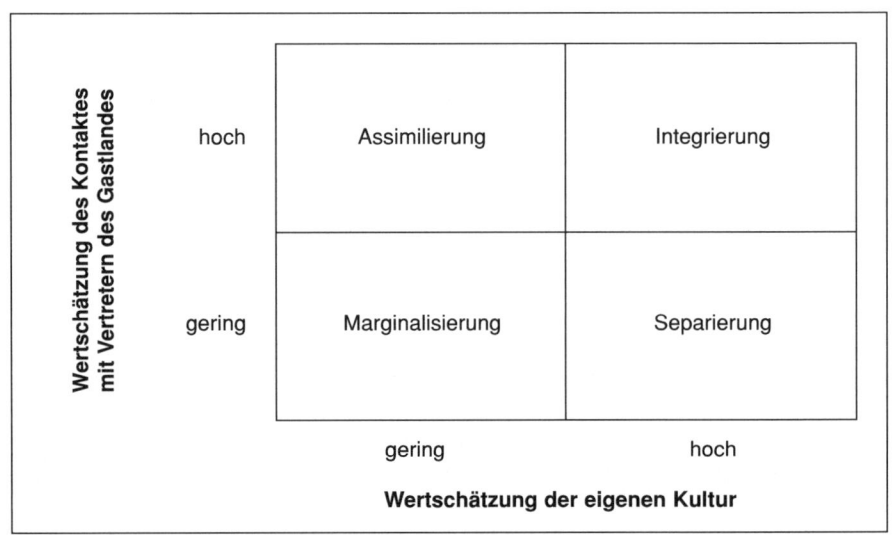

Abbildung 5:
Typologie der Anpassung von Auslandsentsandten (in Anlehnung an Berry, 1994)

14

hat sich ein Kriterientripel, bestehend aus (1) *Aufgabenerfüllung*, (2) *Umgang mit und Akzeptanz bei ausländischen Partnern* und (3) *Zufriedenheit mit den Lebens- und Arbeitsbedingungen im Gastland*, für die unterschiedliche Operationalisierungen entwickelt wurden. Die Untersuchung der Zusammenhänge zwischen den einzelnen Kriterien zeigt, dass die Kriterien nicht nur positiv, sondern teilweise auch negativ korreliert sind (Gregersen & Black, 1992). Dementsprechend kritisch ist der Versuch zu bewerten, die Integrierungsstrategie, als generell zu präferierende Anpassungsform auszuzeichnen (Berry & Sam, 1997). Aus der Sicht der von Tung (1998) untersuchten Auslandsentsandten ist neben der Integrierungsstrategie auch die Assimilierungsstrategie bei der Erfüllung der Arbeitsaufgabe als wirksame Form der Anpassung einzustufen.

Cui und Awa (1992) baten Auslandsentsandte in China, 24 potenzielle Erfolgsprädiktoren nach ihrem Beitrag zur Zufriedenheit mit den Lebens- und Arbeitsbedingungen sowie zur Arbeitsleistung einzuschätzen. Für beide Erfolgskriterien ergaben sich unterschiedliche Erfolgsprädiktoren. In einer Untersuchung von Parker und McEvoy (1993) variierten die Erfolgsprädiktoren für die getrennt erfassten Kriterien Arbeitszufriedenheit und Zufriedenheit mit den jeweiligen Lebensumständen im Ausland. Zusammenfassend betrachtet lässt sich der Erfolg bestimmter Anpassungsvarianten nur situations- und kriteriumsabhängig beurteilen.

Es gibt keine generell gültigen Prädiktoren des Anpassungserfolgs

Aus der Vielzahl von Ansätzen, die Anpassung im Verlauf einer Auslandsentsendung theoretisch zu analysieren, haben in der Forschung vornehmlich Stress- und Lernmodelle Aufmerksamkeit gefunden (Berry & Sam, 1997; Kühlmann, 1995).

2.1 Anpassung aus stresstheoretischer Perspektive

Aus *stresstheoretischer* Perspektive impliziert eine Auslandsentsendung immer auch die Konfrontation mit einer Fülle potenzieller Stressoren, die es – im Rahmen der Anpassung – zu bewältigen gilt: Reizüberflutung durch neue Eindrücke, Konflikte in der Arbeitsrolle des Entsandten, Unsicherheit im Kontakt mit Gastlandsangehörigen, Versagen von Verhaltensroutinen bei gleichzeitigem Leistungsdruck usw. (Kühlmann, 1995; Stahl, 1998). Derartige Erfahrungen können sich in der Einschätzung des Mitarbeiters verdichten, dass die Arbeits- und Anpassungsaufgaben während des Auslandsaufenthaltes die eigenen Möglichkeiten übersteigen und/oder die eigenen Ansprüche an die mit einem Auslandsaufenthalt verknüpften Bedürfnisbefriedigungen nicht erfüllen. Wege, um diesem Misfit zu begegnen, sind für den Entsandten zunächst nicht erkennbar. Aus der Perspektive des in der Stressforschung weit akzeptierten Modells von Lazarus (Lazarus & Folkman, 1984) konstituieren derartige Einschätzungen eines wechselseitigen, subjektiv zunächst nicht kontrollierbaren Ungleichgewichts zwischen

Stressoren im Gefolge einer Auslandsentsendung

Person und Umwelt Stress. Welche Formen der Stressbewältigung während der Auslandsentsendung erfolgversprechend sind, kann anhand der wenigen vorliegenden empirischen Untersuchungen nicht abschließend beurteilt werden.

Situationsabhängiger Erfolg verschiedener Formen der Stressbewältigung

Untersuchungen von Feldman und Thomas (1992) sowie Feldman und Tompson (1993) bei US-amerikanischen Entsandten zeigen, dass die Kontakte mit Gastlandangehörigen und eine Beschönigung der Erfahrungen im Gastland mit Erfolgskriterien wie Arbeitszufriedenheit, Stresserleben und Bleibeabsicht positiv korreliert sind. Versuche, die Ursachen für Stress abbauen (z. B. Mehrarbeit, Weiterbildung) weisen inkonsistente Zusammenhänge zu den Erfolgsindikatoren auf.

Stahl (1998) identifiziert bei einer Stichprobe deutscher Entsandter in den USA und Japan hingegen neben der Pflege von Kontakten mit Gastlandsangehörigen besonders *ursachenorientierte* Bewältigungsformen wie Problemanalyse, Handlungsplanung, Wissenserwerb oder die Übernahme lokaler Gepflogenheiten als erfolgversprechend.

Weniger gut angepasste Entsandte neigen hingegen zu defensiven Bewältigungsformen wie Senken des Anspruchsniveaus, Resignation, Distanzierung vom Gastland oder Schuldzuweisungen an die Gastlandangehörigen. Sowohl die Häufigkeit, mit der eine Bewältigungsform von Entsandten benutzt wird, als auch ihr Erfolg variieren systematisch mit der Distanz zur Gastlandkultur und der Aufenthaltsdauer. Ursachenorientierte Bewältigungsformen treten häufiger in den USA als in Japan auf und häufiger bei einer mehr als zweijährigen Einsatzdauer als bei Entsandten, die sich weniger als zwei Jahre im Gastland befinden. Der Erfolg aller Bewältigungsstrategien liegt in den USA höher als in Japan. Ursachenbezogene Strategien der Stressbewältigung gewinnen im Entsendungsverlauf an Wirksamkeit, während symptomorientierte Umdeutungen der Entsendungsrealität mit zunehmender Aufenthaltsdauer weniger effektiv werden (Stahl, 1998, S. 196 ff.).

2.2   Anpassung aus lerntheoretischer Perspektive

Die Auslandsentsendung als Lernfeld

Lerntheoretisch orientierte Modelle des Anpassungsgeschehens betrachten Anpassung als einen Lernprozess, in dessen Verlauf für das Gastland unpassende Denkweisen, Bewertungen und Aktionen *ver*lernt und dem Gastland angemessene Handlungsformen *ge*lernt werden müssen. Lernen wird erforderlich, weil am Entsendungsort die aus dem Heimatland vertrauten Hinweise, die erfolgversprechendes Handeln signalisieren, abweichen, gewohnte Zusammenhänge zwischen eigenem Handeln und den – belohnenden bzw. bestrafenden – Konsequenzen nicht mehr auftreten und unerwartete Handlungsfolgen zu bewältigen sind (Dinges, 1983).

16

Während sich ältere theoretische Analysen der Auslandsentsendung als **Lernen am Modell** Lernprozess dem Paradigma des Lernens am Erfolg/Misserfolg folgen, gemäß dem Menschen dasjenige Verhalten in ihr Repertoire aufnehmen, für das sie den Eintritt positiver oder die Abwehr negativer Konsequenzen erfahren haben, nutzen neuere Modellvorstellungen verstärkt die Soziale Lerntheorie (Bandura, 1977), die der Wahrnehmung und Speicherung von Verhaltensweisen eines Modells im Umfeld des Lernenden ebenso Bedeutung zuschreibt wie der Einübung des Modellverhaltens und seiner Bekräftigung durch positive/negative Verhaltenskonsequenzen. So heben Black und Mendenhall (1991) die Beobachtung der Gastlandangehörigen, die Nachahmung des beobachteten Verhaltens und die stellvertretende Bekräftigung von Verhaltensmodellen aus dem Gastland als wichtige Variablen im Anpassungsgeschehen hervor.

Dass die Anpassung spezifischer Lernumwelten und -aufgaben bedarf, belegen den Forschungsarbeiten zu *Kontakthypothese* (Amir, 1994). Kontakte **Kontakte zu Gastlandangehörigen** zwischen Personen unterschiedlicher Nationalität/Kulturzugehörigkeit wirken sich nicht zwangsläufig verständnisfördernd und vorurteilsabbauend aus, sondern müssen in bestimmte Rahmenbedingungen eingebettet sein. Hierzu gehören die Statusähnlichkeit der aufeinandertreffenden Personen, Zielkongruenz, multiple Begegnungsmöglichkeiten oder gemeinsame Erfolgserlebnisse.

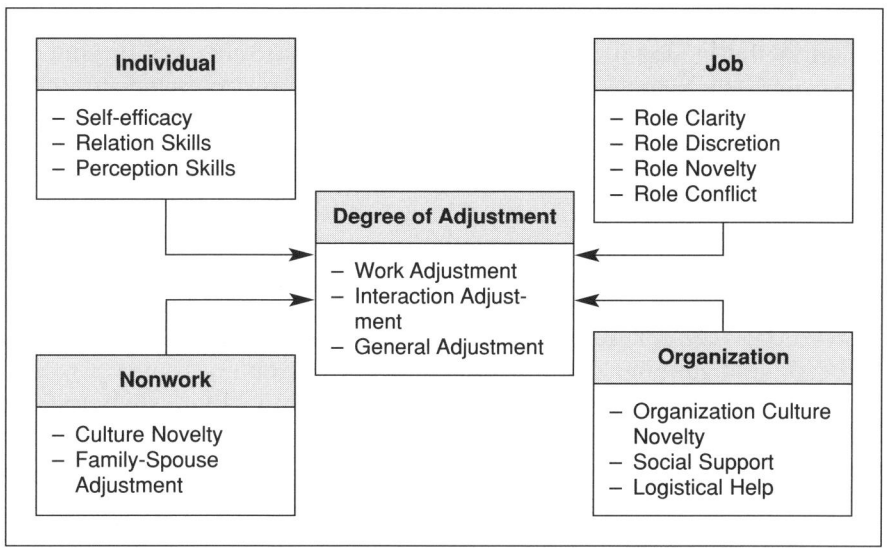

Abbildung 6:
Ein Hybridmodell der Anpassung bei einem Auslandseinsatz
(Mendenhall, Punnett & Ricks, 1995, S. 414)

Der lerntheoretischen Rekonstruktion der Anpassung im Rahmen einer Auslandsentsendung zuzuordnen sind auch Modelle des *persönlichen Wachstums*, die Lernprozesse in Richtung auf spezifische Ziele, wie ein realistisches Selbstkonzept (Winter, 1986), die wertneutrale Einsicht in die kulturbedingte Diversität des Menschen (Adler, 1975), kulturelle Sensitivität (Bennett, 1986) oder kognitive Komplexität (Gudykunst & Kim, 1992) als zentrale Aufgaben im Anpassungsgeschehen bestimmen.

Ein *Hybridmodell* der Anpassung während einer Auslandsentsendung, das stress- und lerntheoretische Überlegungen integriert, haben Black, Mendenhall und Oddou (1991) vorgelegt. Die Autoren diskutieren Merkmale der Persönlichkeit des Entsandten, Aufgabencharakteristika der Auslandsposition, Unternehmenskultur, Gastlandkultur und Familiensituation als Einflussgrößen auf die gewählten Anpassungsstrategien und ihren Erfolg (vgl. Abbildung 6). Eine empirische Überprüfung des Modells erfolgte bisher nur für Teilgruppen der genannten Determinanten (vgl. die Untersuchung von Parker & McEvoy, 1993).

2.3 Personale Bedingungen der Anpassung bei einer Auslandsentsendung

Aus den Forschungsergebnissen zum Anpassungsprozess eines entsandten Mitarbeiters ist abzuleiten, dass es für die (außerfachlichen) Anforderungen an den Auslandsentsandten, die aus der Anpassung an eine fremde Lebens- und Arbeitswelt resultieren, kein Einheitsprofil gibt. Entsprechend vielfältig sind die Merkmalskataloge, die Forscher seit Beginn der 60er Jahre zur Vorhersage des Entsendungserfolgs vorgeschlagen haben (Kühlmann, 1995). Ausgehend von den inhaltlichen Überlappungen in den Merkmalskatalogen haben dennoch verschiedene Autoren versucht, den *Prototyp* des erfolgreichen Auslandsentsandten zu beschreiben (Kealey, 1996; Kühlmann & Stahl, 1998a; Mendenhall & Oddou, 1985; Müller & Gelbrich, 2001). Ein aktuelles und umfassendes Beispiel, die Persönlichkeitsmerkmale eines über verschiedene Entsendungsziele und Rahmenbedingungen hinweg erfolgreichen Entsandten zu identifizieren, bildet das Profil des *model cross-cultural collaborator* nach Kealey (1996). Das Konzept geht auf eine Zusammenfassung der Forschung zu den personalen Erfolgsfaktoren bei Austauschstudenten, Entwicklungshelfern und entsandten Mitarbeitern während eines Auslandsaufenthaltes zurück. Der ideale Entsandte lässt sich hiernach durch 19 Merkmale beschreiben, die

den Oberkategorien (1) *Anpassungsfähigkeiten*, (2) *Interkulturelle Fähigkeiten* und (3) *Beziehungsfähigkeiten* zugeordnet werden (vgl. Abbildung 7).

In ihrer Gesamtheit sollen die hier unterschiedenen Einzelmerkmale die interkulturelle Handlungskompetenz eines Auslandsentsandten abbilden.

Anpassungsfähig-keiten	Indikatoren
Erfolgszuversicht	Der Entsandte ist von der gestellten Aufgabe begeistert und überzeugt, sie bewältigen zu können.
Verhaltensflexibilität	Der Entsandte wählt auf der Grundlage einer Situationsanalyse angemessene Handlungsweisen und geht Kompromisse ein, sofern erforderlich.
Stresstoleranz	Der Entsandte verfügt über ein breites Repertoire an Bewältigungsstrategien und setzt diese stressmindernd ein.
Geduld	Der Entsandte bleibt angesichts von Schwierigkeiten und Anfeindungen ruhig und standfest.
Stabilität der Familienbeziehungen	Die Bindung zwischen den Partnern ist gefestigt. Die Familienmitglieder kommunizieren häufig untereinander. Partner und Kinder sind dem Auslandsaufenthalt gegenüber positiv eingestellt.
Ausgeglichenheit	Der Auslandsentsandte ist emotional ausgeglichen und zeigt keine Anzeichen von Verhaltensauffälligkeiten.
Selbststeuerung	Der Auslandsentsandte bewertet sein Selbst positiv. In seinen Entscheidungen ist er von der Wertschätzung durch andere oder Sorgen um das eigene Wohlergehen relativ unabhängig.
Interkulturelle Fähigkeiten	**Indikatoren**
Realismus	Der Entsandte ist sich der Vor- und Nachteile eines Auslandsaufenthaltes bewusst und stuft die eigene Qualifikation realistisch ein.
Ambiguitätstoleranz	Der Auslandsentsandte kann Situationen der Mehrdeutigkeit und Unvorhersehbarkeit ertragen und verzichtet auf vorschnelle Bewertung des Fremden.
Interesse an der anderen Kultur	Der Entsandte zeigt Interesse am Gastland und seinen Vertretern, schließt Freundschaften mit Gastlandangehörigen und erlernt die Landessprache.
Politisches Geschick	Der Entsandte versteht es, Beziehungen zwischen Personen und Organisationen korrekt einzuschätzen und Veränderungsprozesse kulturangemessen durchzuführen.
Sensibilität für Kultureinflüsse	Der Entsandte erkennt kulturelle Gemeinsamkeiten und Unterschiede zwischen Heimatland und Gastland. Er versteht, wie soziale und kulturelle Gegebenheiten das Handeln von einzelnen und Organisationen prägen.

Abbildung 7:
Ein eklektisches Strukturmodell interkultureller Kompetenz (Kealey, 1996)

19

Beziehungsfähig-keiten	Indikatoren
Einfühlungsvermögen	Der Entsandte versetzt sich in die Ziele, Normen und Rollen des anderen. Er zeigt für abweichende kulturelle Orientierungen Respekt.
Verpflichtung gegenüber der Arbeitsaufgabe	Der Entsandte ist von der Bedeutung des Entsendungsauftrages überzeugt und beachtet die professionellen Standards in seinem Tun.
Hartnäckigkeit	Trifft der Entsandte auf Hindernisse, sucht er beständig nach Wegen, sie zu beseitigen.
Eigeninitiative	Unabhängig von Vorgaben entwickelt der Entsandte aufgabenförderliche Aktivitäten und setzt sie selbständig um.
Kontaktorientierung	Der Entsandte ist am Kontakt mit Menschen interessiert und hört zu. Er beginnt und pflegt vertrauensvolle freundschaftliche und kooperative Beziehungen mit Gastlandangehörigen.
Selbstvertrauen	Der Entsandte kennt seine eigenen Stärken und Schwächen. Er ist zuversichtlich, dass sie ihn in den Stand versetzen, ohne nennenswerte Anweisung und Überwachung wirkungsvoll zu handeln.
Problemlösefähigkeit	In Krisensituationen analysiert der Entsandte die Problemlage, identifiziert Lösungsbarrieren, sucht nach Lösungswegen und realisiert die bestgeeignete Lösung.

Abbildung 7 (Fortsetzung):
Ein eklektisches Strukturmodell interkultureller Kompetenz (Kealey, 1996)

Positive Ausprägungen ermöglichen es – bei gegebener Fachkompetenz –, in einer anderen Kultur effektiv zu arbeiten, indem die Besonderheiten der anderen Kultur wahrgenommen, verstanden und im eigenen Handeln berücksichtigt werden.

In Untersuchungen mit deutschen Auslandsentsandten haben sich folgende Persönlichkeitsmerkmale sowohl positions- wie auch länderübergreifend als voraussagekräftig für den Erfolg eines Mitarbeiters im Auslandseinsatz erwiesen: Einfühlungsvermögen, Verhaltensflexibilität, Ambiguitätstoleranz, Zielorientierung, Kontaktbereitschaft, Kommunikationssteuerung und Unvoreingenommenheit gegenüber fremden Normen und Werten (vgl. Tabelle 6).

Defizite bestehender Anforderungslisten

Derartige Merkmalslisten eignen sich allerdings aus mehreren Gründen nur bedingt für die Bestimmung eines nicht-fachlichen Anforderungsprofils zu einer konkreten Auslandsposition:

20

1. Die Merkmale repräsentieren nur eine Mindestausstattung, die je nach Auslandsposition um weitere landesspezifische Eignungsmerkmale zu ergänzen ist. Darüber hinaus bedürfen die genannten Merkmale einer situativ differenzierenden Gewichtung.

2. Angaben zu den Erfolgsmerkmalen von Auslandsentsandten gehen zum größeren Teil auf Umfragen bei Personalverantwortlichen und Auslandsentsandten zurück. Die hierbei gewonnenen Stellungnahmen spiegeln demnach – zu einem nicht exakt bestimmbaren Anteil – die impliziten Eignungstheorien der Befragten wieder.

3. Bei der Erfassung des Erfolgs einer Auslandsentsendung wird im Regelfall der Selbstbericht des Entsandten erhoben. Das Problem der Perspektivität derart erhobener Auskünfte sowie der Einfluss von Selbstdarstellungs- und Rechtfertigungstendenzen werden nur am Rande beachtet. Nur selten finden sich Vorgehensweisen, die auch die Sichtweise der ausländischen Interaktionspartner, z. B. bei der Beurteilung des Umgangs mit und der Akzeptanz bei lokalen Mitarbeitern, einbeziehen (*ethnozentrischer Bias*).

4. Der Zusammenhang zwischen Erfolgsfaktoren und Erfolg wurde bislang meist im Rahmen von Querschnittuntersuchungen analysiert, die keine Angabe von Kausalrichtungen zwischen Persönlichkeitsmerkmalen und den Erfolgsgrößen gestatten. Aussagekräftigere Längsschnittuntersuchungen zu den erfolgskritischen Merkmalen eines Auslandsentsandten fehlen nahezu vollständig (Thomas, 1998).

5. Für viele der in der Forschungsliteratur erörterten erfolgsförderlichen Merkmale eines Auslandsentsandten liegen bislang keine validen und in der Zielgruppe akzeptierten Messinstrumente vor. Auch der neuere Versuch, die Vielzahl von Erfolgsprädiktoren auf das Fünf-Faktoren-Modell der Persönlichkeit (Costa & McCrae, 1992) zu reduzieren und damit auf bewährte, in mehreren Sprachen vorliegende Diagnoseverfahren zurückgreifen zu können, blieb nur begrenzt erfolgreich. Die Einzelkorrelationen zwischen den fünf Persönlichkeitsmerkmalen (Extraversion, emotionale Stabilität, Umgänglichkeit, Gewissenhaftigkeit, Intellekt) und Erfolgsgrößen liegen nicht höher als $r = .30$. In einer Untersuchung von Caligiuri (2000) beläuft sich der Anteil der Varianz zweier Erfolgsmaße (Wunsch, den Auslandsaufenthalt vorzeitig abzubrechen, und Vorgesetztenurteil zur Mitarbeiterleistung), der durch die fünf Persönlichkeitsfaktoren aufgeklärt wird, auf ca. 10 %.

6. Erst eine Analyse der komplexen Wechselwirkung zwischen der Persönlichkeit des Auslandsmitarbeiters, seinem Arbeitsauftrag, den Mitarbeitern im Gastland, den Befugnissen, Möglichkeiten und Beschränkungen der neuen Position sowie den politisch-wirtschaftlichen Rahmenbedingungen im Gastland erlaubt eine verbesserte Vorhersage des Arbeits- und Anpassungserfolgs des entsandten Mitarbeiters (zur Vielfalt von Beschreibungsmerkmalen der Situation, die im gegebenen Zusammenhang von Bedeutung sein könnten, vgl. etwa Furnham & Bochner, 1986).

Tabelle 6:
Fehlende Eigeninitiative eines Mitarbeiters in New York
(Kühlmann & Stahl, 1998a)

Fallbeschreibung	Hinweis auf Mangel an ...
Horst Meinert ist seit einigen Monaten Leiter der Kreditabteilung in der Filiale einer deutschen Bank in New York. Seinem Mitarbeiter John Spencer hat er vor kurzem schriftlich den Auftrag gegeben, Daten für eine Bilanzanalyse zusammenzustellen. Bislang ergab sich noch keine Gelegenheit, Mr. Spencer persönlich kennen zu lernen.	Kontaktbereitschaft
Beim Durchblättern der Akte mit den angeforderten Analysedaten, die Mr. Spencer eben hereingereicht hat, stellt Herr Meinert fest, dass der Kunde nicht kreditwürdig ist. Er wundert sich, dass Mr. Spencer dies nicht erwähnt hat, denn das kann ihm eigentlich nicht entgangen sein.	Einfühlungsvermögen
Überhaupt hat Herr Meinert die Beobachtung gemacht, dass Mr. Spencer wie auch die anderen Mitarbeiter in seiner Abteilung sehr wenig Eigeninitiative zeigen und sich vor Verantwortung drücken.	Unvoreingenommenheit
Er beschließt deshalb, sofort mit Mr. Spencer über diese Angelegenheit zu reden und lässt ihn aus einer Projektsitzung zu sich ins Arbeitszimmer rufen.	Ambiguitätstoleranz
Im Gespräch bringt Herr Meinert ohne große Umschweife zum Ausdruck, dass er sich von seinen Mitarbeitern allgemein und von Mr. Spencer im besonderen ein stärker eigenverantwortliches Handeln wünscht. Wenn die Bilanzdaten eines potentiellen Kreditnehmers Anlass zur Sorge gäben, solle er doch zukünftig sofort darauf hinweisen und beim Kunden weitere Daten zur Klärung erbitten. Dies sei auch die in Deutschland übliche Vorgehensweise.	Unvoreingenommenheit
Auf Mr. Spencers Einwand, dass man über eine Erweiterung seines Aufgabenbereiches gerne nachdenken könne, damit aber eine Gehaltserhöhung verbunden sein müsse, geht Herr Meinert gar nicht ein, sondern wiederholt seine Anweisung.	Verhaltensflexibilität
Er beendet das Gespräch mit dem vagen Hinweis, dass man sich über die Aufgabenbeschreibung später noch einmal unterhalten müsse.	Kommunikationssteuerung
Konsterniert stellt er gegenüber einem deutschen Kollegen fest, dass man amerikanische Mitarbeiter wohl nur mit Geld motivieren könne. Herr Meinert hat Mr. Spencer vorerst als Kandidaten für eine Beförderung ausgeschlossen.	Unvoreingenommenheit

22

2.4 Situationale Bedingungen der Anpassung bei einer Auslandsentsendung

Situationsvariablen, die relativ häufig im Hinblick auf die Bedeutung für den Anpassungserfolg untersucht wurden, sind die Anpassungsschwierigkeiten von begleitenden Partnern/Kindern und die sozialen Kontakte mit Landsleuten sowie Angehörigen des Gastlandes. Bei einem Auslandsaufenthalt sind die mitreisenden Partner/Kinder ebenso vor Anpassungsforderungen gestellt. Deren Schwierigkeiten, mit den neuen Lebensverhältnissen

Der Einfluss mitreisender Familienangehöriger auf die Entsendung

Potenzielle Belastungsquellen des (Ehe-)Partners
Haushaltsführung
– Organisation des Umzugs – Wohnsituation – Infrastruktur des Gastlandes (Schulen, Einkaufsstätten usw.) – Beschäftigung von Hauspersonal – Behördengänge – Kriminalität – Medizinische Versorgung – Räumliche Distanzen
Zusammenleben mit Partner/Kindern
– Berufliche Überbeanspruchung des Partners – Abwesenheit des Partners – Schulschwierigkeiten der Kinder – Reaktionen der Kinder auf die neue Umgebung
Umgang mit Einheimischen
– Diskriminierung als Ausländerin – Geschlechterrollen im Gastland – Sprachliche Verständigung – Soziale Isolierung – Repräsentationspflichten
Weiterentwicklung
– Unterbrechung der beruflichen Laufbahn – Arbeitsaufnahme im Gastland – Freizeitangebot – Weiterbildungsmöglichkeiten – Ehrenamtliche Tätigkeiten

zurechtzukommen, strahlen auch auf die anderen Mitglieder des Familienverbunds aus und beeinträchtigen das Wohlbefinden der Gesamtfamilie. Tung (1982), die Vorgesetzte von Auslandsmitarbeitern befragte, verweist darauf, dass als einer der häufigsten Gründe für den vorzeitigen Abbruch eines Auslandsaufenthalts die Anpassungsprobleme der begleitenden Familie genannt wurden. Torbiörn (1982) ermittelte in einer Untersuchung bei schwedischen Auslandstätigen ebenfalls die Zufriedenheit des Ehepartners als wichtige Determinante für den Anpassungserfolg des Mitarbeiters. Arthur und Bennett (1995) ließen 300 Auslandsentsandte aus 26 Ländern Erfolgsdeterminanten einer Auslandsentsendung, wie sie in der Literatur berichtet werden, nach ihrer vermeintlichen Bedeutung für den Erfolg im Ausland einstufen. Die als am wichtigsten bewertete Gruppe von Erfolgsfaktoren beschreibt die Familiensituation des Entsandten. Gerade der (Ehe-) Partner sieht sich einer Reihe spezifischer Belastungen im Gefolge einer Auslandsentsendung ausgesetzt.

Hemmnisse bei der Anpassung des (Ehe-)Partners eines Entsandten
Damit gewinnt die Anpassung des (Ehe-)Partners ein besonderes Gepräge:

1. Der Partner ist im Gastland oft zur „Untätigkeit" gezwungen. Nur in begründeten Ausnahmefällen erhält er eine Arbeitserlaubnis. Zudem verbietet meist der gesellschaftliche Status des Auslandsmitarbeiters, dass der Partner Aufgaben im Haushalt übernimmt. So wird etwa in Entwicklungsländern häufig erwartet, dass die Hausarbeit Dienstboten erledigen.

2. Der Partner erlebt die Anders- und Fremdartigkeit des neuen Umfeldes im Kontext von Haushalt und Familienleben viel unmittelbarer und intensiver. Beim Berufstätigen wirken die Vertrautheit mit der Arbeitsaufgabe und der Rückhalt bei Arbeitskollegen stabilisierend. Eine derartige „Zone des Vertrauten" fehlt dem Partner im Normalfall.

3. Im Vergleich zum Auslandsmitarbeiter verfügt der Partner meistens über weniger gute Kenntnisse der Landessprache. Der Partner sieht sich entsprechend häufig Kommunikationsbarrieren im Gastland gegenüber.

4. Der Partner leidet stärker unter der Erfahrung der Einsamkeit als der Entsandte. Mit der Entsendung entfällt der direkte Kontakt zu Freunden und Verwandten. Nur der Entsandte kann den Wegfall – zumindest teilweise – durch neue Beziehungen am Arbeitsplatz ausgleichen. Zusätzlich erschwerend wirkt sich für den Partner aus, dass der Entsandte häufiger und länger als gewohnt abwesend ist, um die neuen Arbeitsaufgaben zu bewältigen.

Soziale Unterstützung als Ressource im Anpassungsgeschehen
Die Zahl, Vielfalt und Intensität sozialer Kontakte, die man während des Auslandsaufenthalts mit Landsleuten und Vertretern des Gastlandes knüpft, gilt nach verschiedenen Studien als weitere wichtige Determinante einer erfolgreichen Anpassung im Ausland (Kealey, 1989). Folgende wichtige Aufgaben sozialer Beziehungen im Anpassungsgeschehen lassen sich unterscheiden (Adelman, 1988):

24

1. *Direkte Hilfe:* Beziehungspartner stellen Arbeitszeit, Geld oder Gebrauchsgegenstände zur Verfügung.
2. *Unterstützung durch Information:* Beziehungspartner bieten Ratschläge und andere nützliche Informationen an, die das Einleben erleichtern.
3. *Emotionaler Rückhalt:* Beziehungspartner demonstrieren, dass der Entsandte und seine Familie zu einer Gemeinschaft gehören und man ihnen mit Zuneigung, Verständnis und Wertschätzung begegnet.
4. *Unterstützung in der Selbsteinschätzung:* Beziehungspartner bekräftigen den Entsandten und seine Familie in Entscheidungen, geben Rückmeldungen über Handlungskonsequenzen und bestätigen sie in ihrer Identität.
5. *Attributionshilfe:* Beziehungspartner korrigieren Ursachenzuschreibungen, mit denen den der Entsandte und die Familie ausschließlich sich selbst für Fehler und Probleme im Prozess des Einlebens verantwortlich machen.
6. *Entlastung, Unterstützung der Ventilierung intensiver Gefühle:* Beziehungspartner hören geduldig und empathisch Gefühlsausbrüche angesichts gescheiterter Bewältigungsversuche an und fördern derart eine klarere Problemsicht.

Als Quellen für derartige Unterstützungsleistungen kommen nicht allein neue Freunde, die man im Gastland gefunden hat, in Frage, sondern auch Nachbarn, Lehrer, Ladenpersonal, Vermieter, Kollegen oder Vorgesetzte, zu denen lediglich oberflächliche Beziehungen bestehen.

Untersuchungen der sozialen Netzwerke von Entsandten zeigen ein Ungleichgewicht in der Häufigkeit, Vielfalt und Intensität sozialer Kontakte mit Landsleuten und mit Einheimischen (Kealey, 1989). Im Kreis der Personen, zu denen enge, freundschaftliche Beziehungen bestehen, finden sich vornehmlich Personen aus dem eigenen Herkunftsland. Kontakte zu Bewohnern des Gastlandes kann oder will man nicht intensivieren. Diese Konzentration auf monokulturelle Beziehungen hat Vor- und Nachteile. Einerseits ist die Bildung von *Enklaven* oder *Ghettos* eigener Nationalität ein bequemer Weg, die in der Heimat aufgegebenen Beziehungen zu ersetzen, sich der Richtigkeit der gewohnten Werthaltungen zu versichern und dem Anpassungsdruck der fremden Kultur teilweise auszuweichen. Die Beziehungen zu Landsleuten vermitteln gerade in der ersten Phase des Aufenthalts die notwendigen Gefühle der Sicherheit, Zugehörigkeit und Selbstachtung, von denen ausgehend man sich dann schrittweise der fremden Kultur annähern kann. Andererseits behindern auf lange Sicht die eingeschränkten Kontakte mit der Gastbevölkerung das Erlernen wichtiger Fertigkeiten und die Entwicklung realistischer Einstellungen gegenüber dem Gastland.

Soziale Netzwerke von Auslandsentsandten

25

2.5   Die Wiederanpassung bei der Rückkehr des Entsandten

Rückkehr heißt nicht Heimkehr

Die Rückkehr eines Entsandten gleicht bei oberflächlicher Betrachtung einer *Heimkehr:* Der Mitarbeiter übernimmt zwar einen neuen Aufgabenbereich, der aber in eine altvertraute Arbeitsumgebung (Kollegen, Prozesse, Strukturen, Produkte ...) eingebettet ist. Auch im Privatleben werden soziale Kontakte und Gewohnheiten wieder aufgenommen. Diesem verbreiteten Verständnis der Rückkehr eines Mitarbeiters vom Auslandseinsatz widersprechen allerdings verschiedene Untersuchungen zur Situationseinschätzung durch den Rückkehrer. Insbesondere Sorgen um die Verfügbarkeit einer geeigneten Position im aufnehmenden Unternehmen, aber auch die Ungewissheit über die berufliche Zukunft des (Ehe-)Partners und die Bewältigung des Schulübertritts durch die Kinder zählen zu den häufigsten und besonders intensiv erlebten Belastungen eines Auslandsentsandten bereits vor der Rückkehr (Stahl, 1998, S. 165 ff.).

Typische Erwartungsenttäuschungen bei der Rückkehr

Während der Rückkehr erlebt der Entsandte eine Reihe von *Erwartungsenttäuschungen.* Berufliche und private Hoffnungen, die der Entsandte mit dem Auslandseinsatz verknüpft hat, erfüllen sich nicht („Man hat mir versprochen, dass der Auslandsaufenthalt die Aussicht auf eine Beförderung steigert, und nun muss ich feststellen, dass gar keine geeignete Position verfügbar ist!") und/oder Befürchtungen werden noch übertroffen („Ich war vorgewarnt, dass meine Auslandserfahrungen im heimischen Unternehmen wenig beachtet werden. Das vorgefundene hohe Maß an Desinteresse hat mich dann aber doch überrascht."). Verantwortlich für derartige Fehleinschätzungen ist zum einen Unkenntnis über die Veränderungen im entsendenden Unternehmensbereich und im Heimatland, zum anderen mangelnde Einsicht in den Persönlichkeitswandel, den der Mitarbeiter während des Auslandsaufenthaltes durchlaufen hat.

Folgende Themen, die Gegenstand von Erwartungsenttäuschungen werden, stechen in Befragungen von Rückkehrern besonders hervor:
- Arbeitsaufgabe: Im aufnehmenden Unternehmen ist keine herausfordernde und qualifikationsgerechte Position für den Rückkehrer vakant. Ersatzweise wird der Mitarbeiter mit zeitlich begrenzten Projekten betraut.
- Karriere: Der Rückkehrer erhält eine Position zugewiesen, die in der Unternehmenshierarchie der Position vor der Ausreise äquivalent ist. Im Heimatland verbliebene Kollegen haben bereits hierarchisch höhere Stellen erreicht.
- Erfahrungstransfer: Das Wissen, das der Rückkehrer im Ausland gesammelt hat, wird weder beachtet noch genutzt.
- Persönlichkeitswandel: Der Rückkehrer hat Gewohnheiten entwickelt, Werte übernommen und Normen verinnerlicht, die nicht mehr zum Heimatland passen.
- Soziale Kontakte: Ein großer Teil der Beziehungen zu Bekannten und Freunden im Heimatland ist weniger intensiv.

26

Relativ häufig ist der Zusammenhang zwischen den Karriereerwartungen entsandter Mitarbeiter und ihrer tatsächlichen Einstufung nach der Rückkehr untersucht worden. Demnach liegen die tatsächlichen Chancen, in der Folge eines Auslandseinsatzes in der Unternehmenshierarchie aufzusteigen, deutlich niedriger als die Karriereansprüche der Entsandten. Der von vielen Entsandten erhoffte Karriereschub bleibt häufig aus (Black et al., 1999, S. 70; GMAC Global Relocation Services, 2002).

Eine Studie von Black (1992) mit 174 zurückkehrenden Führungskräften aus vier multinationalen US-Unternehmen bestätigt den Beitrag von Erwartungsenttäuschungen zum Erfolg bzw. Misserfolg der Wiedereingliederung. Erhoben wurde in einer Querschnittsuntersuchung, welche Erwartungen zu den Anforderungen, Zwängen und Freiräumen der künftigen Arbeitsaufgabe sowie zu den Lebensbedingungen im Heimatland sich nach der Rückkehr als realistisch erwiesen hatten, welche Erwartungen unerfüllt blieben und welche übertroffen wurden. Zugleich richteten sich Fragen auf die Arbeitsleistung, die Anpassung an die neue Position, das soziale Umfeld und an die allgemeinen Lebensbedingungen. Mitarbeiter, deren Erwartungen sich nach der Rückkehr bestätigten, stuften ihre Arbeitsleistung und ihren Anpassungserfolg höher ein als Mitarbeiter mit Erwartungsenttäuschungen.

Schwierige Wiedereingliederung bei Erwartungsenttäuschungen

Zu den Erwartungsenttäuschungen treten Belastungen hinzu, mit denen der Entsandte rechnen konnte, wie:
– Schwierigkeiten des Partners, im Heimatland beruflich Fuß zu fassen,
– Einarbeitung und Schließen von Qualifizierungslücken,
– Auseinandersetzung mit schulischen Problemen der Kinder,
– Suche nach einer Wohnung,
– Organisation des Umzugs.

Belastungen bei der Rückkehr

Erwartungsenttäuschungen und andere im Rückkehrprozess begründete Belastungen konstituieren Stress – insbesondere, wenn sie dem Rückkehrer als kaum beeinflussbar erscheinen (Kühlmann & Stahl, 1995; Sussman, 1986). Konfrontiert mit Erwartungsenttäuschungen und weiteren Belastungen der Rückkehr entwickelt der Rückkehrer Strategien, sich mit der veränderten Arbeits- und Lebenssituation zu arrangieren oder sie zu bewältigen. Typische Formen des Bewältigungsverhaltens führt die Tabelle 7 an.

Wiedereingliederung als Auseinandersetzung mit Rückkehrproblemen

Die Gesamtheit der Aktivitäten, die ein Rückkehrer entfaltet, um die mit dem beruflichen und privaten Neustart im Heimatland verknüpften Schwierigkeiten zu bewältigen, werden hier als *Wiedereingliederung* bezeichnet. Erfolg oder Misserfolg der Bewältigungsversuche bemisst sich – vergleichbar dem Kriterienbeispiel des Entsendungserfolgs – nach (a) der Aufgabenerfüllung in der neuen Position, (b) der Zufriedenheit mit den Arbeits- und Lebensumständen im Heimatland und (c) der sozialen Integration des Rückkehrers im Heimatland (Black, 1992). Weitere Erfolgsmaßstäbe (wie z. B. Kündigungsabsichten oder Nutzung der Auslandserfahrungen des

Erfolgskriterien der Wiedereingliederung

Tabelle 7:

Bewältigungsstrategien von Auslandsrückkehrern (in Anlehnung an Adler, 1997, S. 250 f.)

Form	Erläuterung
Resozialisierung	Der Rückkehrer ordnet sich bedingungslos den Gegebenheiten im Heimatland unter. Es wird kein Versuch unternommen, die im Gastland kennen gelernte Arbeits- und Lebensform auf den heimatlichen Kontext zu übertragen.
Durchsetzung	Der Rückkehrer versucht, die im Ausland gewonnenen Erfahrungen auf die Bewältigung der neuen Lebens- und Arbeitssituation ohne Abstriche zu transferieren.
Synthese	Der Rückkehrer bemüht sich, die Auslandserfahrungen mit den im Heimatland üblichen Handlungsroutinen zu neuartigen Formen des Lebens und Arbeitens zu integrieren.
Rückzug	Der Rückkehrer kommt mit den Anpassungsanforderungen im Heimatland nicht zurecht und strebt einen weiteren Auslandsaufenthalt an oder wechselt zu einem anderen Unternehmen.

Rückkehrers im Unternehmen) sind denkbar, in der einschlägigen Forschung aber wenig verbreitet.

Ein Phasenmodell der Wiedereingliederung

Ein Verlaufsmodell, das den typischen Prozess der Wiedereingliederung eines Rückkehrers beschreibt, hat Hirsch (2003) auf der Basis der Berichte von Teilnehmern an Wiedereingliederungsseminaren konzipiert. Das Modell unterscheidet drei zeitlich klar voneinander abgrenzbare Phasen der Wiedereingliederung (vgl. Tabelle 8).

Tabelle 8:

Ein Prozessmodell der Wiedereingliederung (Hirsch, 2003, S. 423)

Phasen	Beschreibung	Zeitdauer
Phase A: **Naive Integration**	Freundliches, oberflächliches Verstehen. Bereitwilligkeit und Offenheit für neue Erfahrungen. Allgemeiner Optimismus, Euphorie des „Wieder zu Hause Seins".	Bis 6 Monate nach Rückkehr
Phase B: **Reintegrationsschock**	Erste Euphorie bröckelt ab. Man fühlt sich von den Kollegen nicht verstanden. Der Freundeskreis ist nicht mehr vorhanden. Alles hat sich verändert. Rückzug in die Resignation, in Überheblichkeit, Ärger, Unzufriedenheit. Man fühlt sich nicht zu Hause.	Zwischen 6 und 12 Monate nach Rückkehr
Phase C: **Echte Integration**	Aufbau realistischer Erwartungen. Anpassung ohne Selbstaufgabe. Erweiterung des Verhaltensspektrums und Wiedererkennen alter Verhaltensmuster.	Ab 12 Monate nach Rückkehr

28

Der Schwierigkeitsgrad und Verlauf der individuellen Wiedereingliederung hängt von einer Vielzahl von Einflüssen ab, die man grob den vier Merkmalsgruppen: *(1) „Entsandter/Familie", (2) „Entsendungsverlauf", (3) „Gastland" und (4) „Entsendender/Wiederaufnehmender Unternehmensbereich"* zuordnen kann. Abbildung 8 fasst wichtige Merkmale aus den vier genannten Gruppen zusammen, die in der Forschungsliteratur als Erschwernisse einer Wiedereingliederung diskutiert werden.

Einflüsse auf die Wiedereingliederung

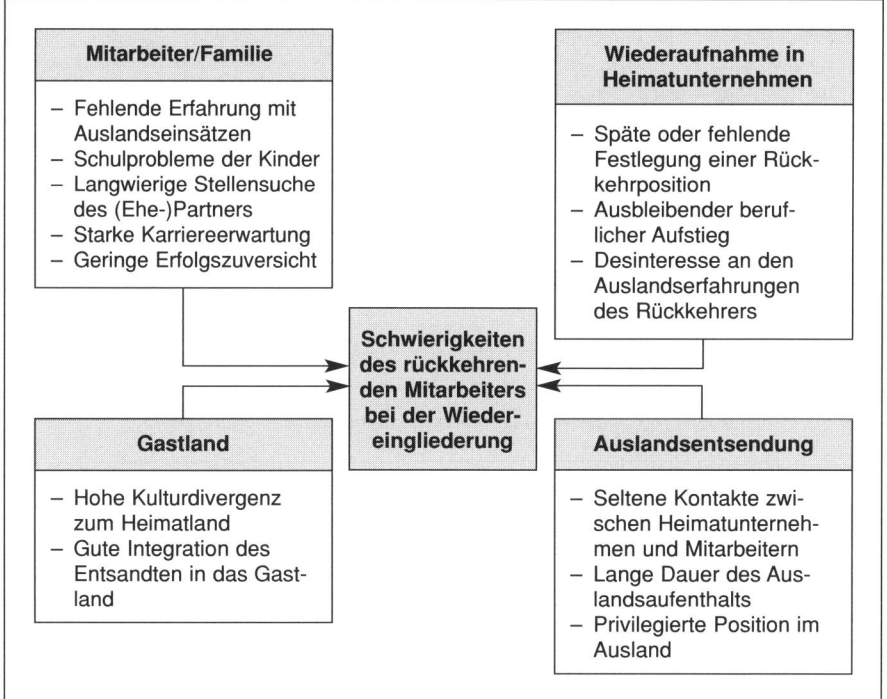

Abbildung 8:
Erschwernisse bei der Wiedereingliederung eines Entsandten

3 Analyse und Maßnahmenempfehlung

3.1 Überblick zu den Aufgabenfeldern der Personalarbeit beim Auslandseinsatz

Die Aufgabenfelder der internationalen Personalarbeit im Rahmen von Auslandsentsendungen lassen sich idealtypisch als Abfolge von sechs Phasen beschreiben: *Anforderungsanalyse, Beschaffung von Entsendungskandida-*

Sechs Schritte des Managements von Auslandsentsendungen

ten, Auswahl, Vorbereitung, Betreuung und *Wiedereingliederung* (vgl. Abbildung 9).

Diese einzelnen Schritte beschreiben nicht nur eine zeitliche Abfolge, sondern auch eine inhaltliche Abhängigkeit: die Art der Bearbeitung einer Phase beeinflusst die Gestaltung und den Erfolg der nachfolgenden Phasen im Entsendungsmanagement.

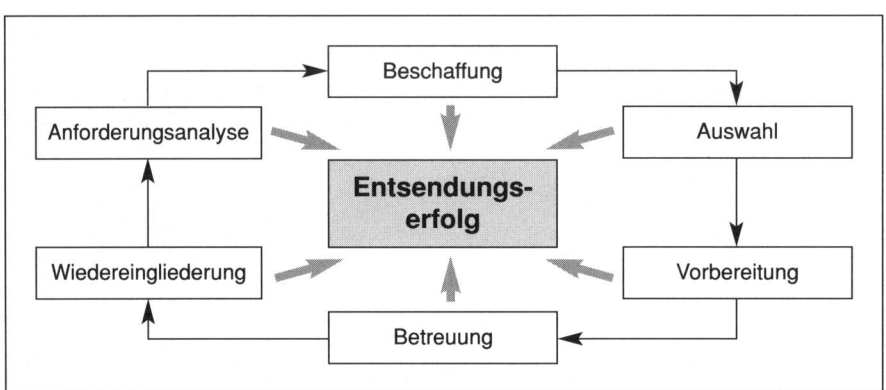

Abbildung 9:
Der Zyklus des Managements von Auslandsentsendungen

3.2 Auslandseinsatz im Kontext von unternehmensinternen und -externen Faktoren

Ein Kontingenzmodell der Auslandsentsendung

Ziele, Umfang, Gestaltung und Erfolg von Auslandsentsendungen eines Unternehmens unterliegen einer Fülle von unternehmensinternen und -externen Einflüssen (vgl. Abbildung 10).

Der in Abbildung 10 dargestellte Bezugsrahmen versucht, die Fülle von empirischen und theoretischen Forschungsergebnissen zur situativen Abhängigkeit von Auslandsentsendungen zusammenzufassen und zu systematisieren. Er baut auf dem Stand der Forschung nicht allein zur Auslandsentsendung, sondern auch zum strategischen internationalen Personalmanagement auf (vgl. zusammenfassend Weber, Festing, Dowling & Schuler, 2001, S. 283 ff.).

Vier Grundeinstellungen zur Führung internationaler Unternehmen

Innerhalb der in Abbildung 10 zusammengestellten Einflüsse auf die Entsendung von Mitarbeitern nimmt der Faktor *Grundeinstellung der Entscheidungsträger zur Führung eines internationalen Unternehmens* einen besonders prominenten Stellenwert ein. Zahlreiche Arbeiten zum internationalen Personalmanagement im Allgemeinen und zur Mitarbeiterentsendung im Besonderen betonen diesen Einflussfaktor, um Unterschiede in der internationalen Personalarbeit zu beschreiben und zu begründen (Stahl, 1998, S. 14 ff.; Weber et al., 2001, S. 90 ff.; Welge & Holtbrügge, 1998,

30

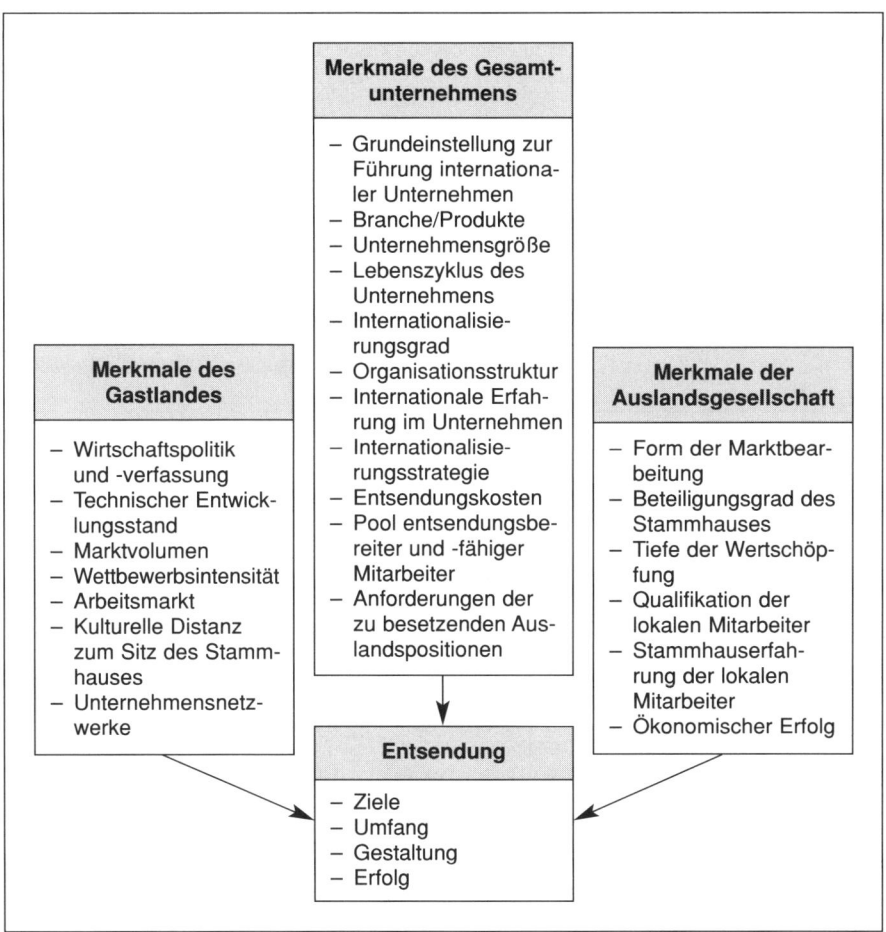

Merkmale des Gesamt-unternehmens

– Grundeinstellung zur Führung internationaler Unternehmen
– Branche/Produkte
– Unternehmensgröße
– Lebenszyklus des Unternehmens
– Internationalisierungsgrad
– Organisationsstruktur
– Internationale Erfahrung im Unternehmen
– Internationalisierungsstrategie
– Entsendungskosten
– Pool entsendungsbereiter und -fähiger Mitarbeiter
– Anforderungen der zu besetzenden Auslandspositionen

Merkmale des Gastlandes

– Wirtschaftspolitik und -verfassung
– Technischer Entwicklungsstand
– Marktvolumen
– Wettbewerbsintensität
– Arbeitsmarkt
– Kulturelle Distanz zum Sitz des Stammhauses
– Unternehmensnetzwerke

Merkmale der Auslandsgesellschaft

– Form der Marktbearbeitung
– Beteiligungsgrad des Stammhauses
– Tiefe der Wertschöpfung
– Qualifikation der lokalen Mitarbeiter
– Stammhauserfahrung der lokalen Mitarbeiter
– Ökonomischer Erfolg

Entsendung

– Ziele
– Umfang
– Gestaltung
– Erfolg

Abbildung 10:
Integrativer Bezugsrahmen der Einflüsse auf die Auslandsentsendung

S. 51 ff.) Hierbei wird die Komplexität und Dynamik des Entsendungskontexts auf das Wirken werthaltiger Grundorientierungen reduziert. In dieser Sichtweise, die auf Heenan und Perlmutter (1979) zurückgeht, sind vier Idealtypen der Einstellung zur Führung eines international tätigen Unternehmens zu unterscheiden: (1) *Ethnozentrische Orientierung*, (2) *Polyzentrische Orientierung*, (3) *Regiozentrische Orientierung* und (4) *Geozentrische Orientierung*. Diese idealtypischen Einstellungen oder Führungsphilosophien äußern sich in der Organisationsstruktur, der Verteilung der Entscheidungskompetenzen zwischen Stammunternehmen und Tochtergesellschaften, der Koordination und Kontrolle der Unternehmensaktivität, dem Kommunikationsfluss und nicht zuletzt in der Stellenbesetzung (vgl. Tabelle 9).

31

Tabelle 9:
Grundmuster der internationalen Unternehmenstätigkeit
(Heenan & Perlmutter, 1979, S. 17ff.)

Merkmale	Strategie			
	ethnozentrisch	**polyzentrisch**	**regiozentrisch**	**geozentrisch**
Komplexität der Organisation	Komplexe Struktur des Stammhauses; einfache Struktur der Auslandsgesellschaften	Unabhängig agierende Auslandsgesellschaften mit unterschiedlich komplexer Struktur	Hohe Abhängigkeit zwischen den Auslandsgesellschaften einer Region; sonst geringe Komplexität	Hohe Komplexität des Gesamtunternehmens; starke Interdependenzen zwischen den Auslandsgesellschaften
Entscheidungskompetenz	Beim Stammhaus	Bei den Auslandsgesellschaften	Bei den Regionalzentralen oder arbeitsteilig bei den Auslandsgesellschaften	Arbeitsteilig beim Stammhaus und bei den Auslandsgesellschaften
Koordination der Unternehmenstätigkeit	Übertragung stammlandspezifischer Verfahren auf Auslandsgesellschaften	Übernahme gastlandspezifischer Verfahren	Anwendung regionalspezifischer Verfahren	Einsatz weltweit einheitlicher Verfahren
Kommunikationsstruktur	Einseitiger und intensiver Informationsfluss vom Stammhaus zur Auslandsgesellschaft	Geringer Informationsaustausch zwischen Stammhaus und Auslandsgesellschaften sowie zwischen Auslandsgesellschaften	Geringer Informationsaustausch zwischen Stammhaus und Auslandsgesellschaften; starker Informationsaustausch in der Region	Weltweiter und intensiver Informationsaustausch
Selbstverständnis der Auslandsgesellschaft	Teil des Stammhauses	Teil des Gastlandes	Teil der Region	Teil eines globalen Unternehmens mit lokalen Interessen
Nationalität der Fach- und Führungskräfte	Stammland der Muttergesellschaft	Gastland	Länder der Region	Besetzung ohne Ansehen der Nationalität
Entsendungsquote	Durchschnittlich	Null	Auf regionaler Ebene hoch, sonst gering	Sehr hoch
Entsendungsrichtung	Entsendungen vom Stammhaus in die Auslandsgesellschaften	Entfällt	Vielfältige Entsendungsrichtungen innerhalb der Region	Vielfältige Entsendungsrichtungen ohne regionale Einschränkungen

Im Zentrum einer *ethnozentrischen Orientierung* steht die Einstellung der Unternehmensspitze, dass das Stammhaus bzw. das Heimatland den Tochtergesellschaften bzw. den Gastländern in seinen Handlungsmustern überlegen ist. Entscheidungen sind daher im Stammhaus zu zentralisieren und dort sich bewährende Managementinstrumente in die Tochtergesellschaften zu transferieren. Schlüsselpositionen in den Tochtergesellschaften werden durch Mitarbeiter des Stammhauses besetzt.

Die *polyzentrische Orientierung* unterstellt und akzeptiert die Existenz länderspezifischer Unterschiede der Unternehmensführung. Diese Besonderheiten gelten gegenüber den Handlungsmustern des Stammhauses als prinzipiell erfolgversprechender, da sie den landesspezifischen Gegebenheiten Rechnung tragen. Die Aktivitäten der Tochtergesellschaften sind unter dieser Orientierung an die Gegebenheiten im Gastland weitgehend angepasst. Schlüsselpositionen in den Tochtergesellschaften werden ausschließlich an Gastlandangehörige (= lokale Mitarbeiter) vergeben.

Eine Weiterentwicklung des polyzentrischen Konzepts bildet die *regiozentrische Orientierung*. Hierbei werden nicht mehr Unterschiede zwischen einzelnen Ländern, sondern nur noch zwischen einzelnen, von in sich kulturell relativ homogenen Ländergruppen bzw. Regionen (z. B. EU) beachtet. Innerhalb einer Region steuern einheitliche, aber regionenspezifische Vorgaben das Geschehen in den Tochtergesellschaften. Die Führungskräfte der Tochtergesellschaften stammen aus der jeweiligen Ländergruppe.

Von einer *geozentrischen Orientierung* wird schließlich gesprochen, wenn weder den Praktiken im Stammhaus noch den Arbeitsweisen in den Tochtergesellschaften a priori eine Überlegenheit zugebilligt wird. Vielmehr wird eine einheitliche, für das Unternehmen charakteristische Führungskonzeption verfolgt. Dabei löst sich die Unternehmensführung sowohl von den im Stammhaus bislang Üblichen als auch von den Spezifika der einzelnen Tochtergesellschaften. Bei der Besetzung von Schlüsselpositionen spielt die Nationalität des Kandidaten keine Rolle, sondern allein die fachliche Eignung für die Position.

Heenan und Perlmutter (1979) unterstellen in ihrer idealtypischen Unterscheidung (*EPRG-Konzept*) nicht eine zwangsläufige Homogenität der Orientierungen im gesamten Unternehmen oder in der gesamten Unternehmensspitze. Vielmehr können zeitgleich in verschiedenen Unternehmensbereichen divergierende Grundeinstellungen beobachtbar sein. Darüber hinaus sind die Orientierungen im Zeitablauf Veränderungen unterworfen. Offen bleibt allerdings die Frage, wie das Unternehmen die Koexistenz divergierender Grundeinstellungen handhaben soll. Nicht beantwortet wird zudem, wie sich diese Orientierungen bei den Entscheidungsträgern herausbilden und wie sie gegebenenfalls verändert werden können. Schließlich mangelt es dem EPRG-Konzept an Aussagen darüber, zu welchen weiteren Rahmenbedingungen internationaler Unternehmensaktivität eine bestimmte Grundhaltung der Unternehmensspitze „passen" muss, damit das Unternehmen langfristig auf internationalen Märkten erfolgreich tätig sein kann (vgl. zur Kritik Kutschker & Schmid, 2002, S. 275 ff.).

Zusammenfassend betrachtet ist ein situativ differenzierendes Kontingenzmodell der Auslandsentsendung erst im Entstehen begriffen. Empirische Überprüfungen des in Abbildung 10 (S. 31) dargestellten Bezugsrahmens beschränken sich bisher auf einzelne bivariate Zusammenhänge zwischen unternehmensinternen bzw. -externen Faktoren einerseits und Merkmalen der Auslandsentsendung andererseits (vgl. De Cieri & Dowling, 1997; Downes, 1996; Wolf, 1994). Angesichts der hohen Zahl von potenziellen Einflüssen, die zudem nicht alle unabhängig voneinander sind und sich in ihren Wirkungen teilweise überlagern, sind bewährte Empfehlungen zur Entsendepraxis für ein bestimmtes Unternehmen gegenwärtig nicht abzuleiten. Der praktische Nutzen beschränkt sich daher auf die Benennung der Einflussfaktoren und Zusammenhänge, die bei einer Entsendungsentscheidung eine Rolle spielen (sollen). Nicht zuletzt fordert der Bezugsrahmen dazu auf, jede einzelne Entsendung als Entscheidung zu betrachten, deren Grundlagen angesichts möglicher Veränderungen in den endogenen und exogenen Einflussfaktoren jeweils neu zu prüfen sind. Wichtige Wahlmöglichkeiten neben einer Auslandsentsendung sind:

– Geschäftsreisen
– Besetzung der Position mit Angehörigen des Gastlandes
– Besetzung der Position mit deutschstämmigen Angehörigen des Gastlandes
– Intensive Nutzung der Kommunikations- und Informationstechnik.

Bonache und Cervino (1997) beschreiben beispielhaft ein Unternehmen der Bekleidungsindustrie, das auch ohne das Instrument der Auslandsentsendung erfolgreich international tätig ist. Es sollte daher in regelmäßigen Abständen bei der Personalplanung geprüft werden:

– Welche Stellen im Ausland sind durch einen Entsandten zu besetzen?
– Welche Stellen im Inland sind durch einen – ausländischen – Entsandten zu besetzen?
– Für welche beruflichen Laufbahnen im Unternehmen sind Auslandserfahrungen notwendig?
– Zu welchem Zeitpunkt in der Laufbahn ist eine Auslandsentsendung sinnvoll?

4   Vorgehen

4.1   Anforderungsanalyse zu besetzender Auslandspositionen

Die Ausgangsbasis jeder erfolgversprechenden Entsendung ist die Identifizierung der Anforderungen an den Inhaber der zu besetzenden Auslandsposition. Aus den im Abschnitt 2 beschriebenen Forschungsergebnissen zum Anpassungsprozess während eines Auslandseinsatzes ist abzuleiten, dass die Anforderungsanalyse sich nicht allein mit den Fachaufgaben, sondern auch mit den personalen, organisationalen, kulturellen und weiteren lokalen Rahmenbedingungen der Aufgabenerfüllung im Ausland zu beschäftigen hat. Nur aus der detaillierten Kenntnis der stellenspezifischen Anforderungen lassen sich gezielt Kandidaten für die vakante Position rekrutieren und Verfahren der Eignungsdiagnose auswählen. Die generelle Schrittfolge einer Analyse der Anforderungen an den Inhaber einer Auslandsposition illustriert die folgende Abbildung.

Anforderungs-analyse im Überblick

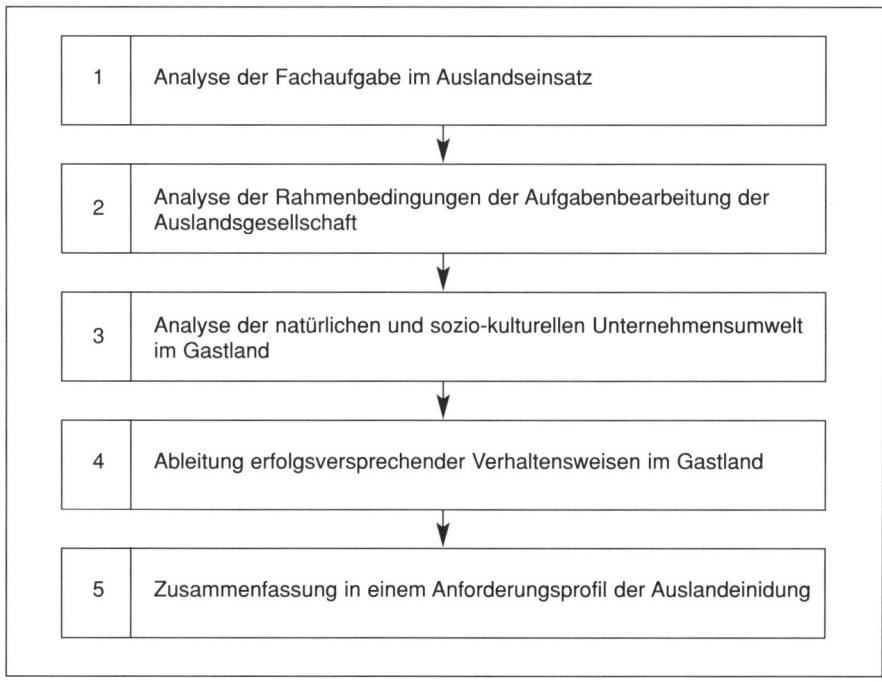

Abbildung 11:
Schritte einer Anforderungsanalyse für die Auslandsposition

Den *Startpunkt* der Anforderungsanalyse bildet die Identifizierung der Fachaufgaben, die der Positionsinhaber zu bearbeiten hat. Diese können etwa sein: Ausbildung lokaler Mitarbeiter, Installation einer Produktionsanlage, Einführung von Total Quality Management, Erarbeiten einer Marktstudie, Führung eines Joint Venture usw. Zur näheren Beschreibung der einzelnen Fachaufgaben sind regelmäßig eine Reihe von Fragen zu beantworten.

**Fragen zur Analyse fachlicher Anforderungen der Auslands-
position**

- Welche Ziele charakterisieren die Aufgabe?
- Welche Vorgehensweisen sind zur Realisierung der Ziele vorgesehen?
- Welche Arbeitsmittel werden dem Positionsinhaber für die Aufgabenbearbeitung zur Verfügung gestellt?
- Mit wem arbeitet der Positionsinhaber zusammen?
- Über welche Vollmachten verfügt der Positionsinhaber?
- Welche Verpflichtungen hat der Positionsinhaber zu erfüllen?
- In welchem Umfang erfordert die Aufgabenbearbeitung, dass der Entsandte die Landessprache beherrscht?
- Wie verbreitet sind Englischkenntnisse im Gastland?

Im *zweiten* Schritt ist das unternehmensinterne Arbeitsumfeld zu bestimmen, in dem der Entsandte tätig sein soll. Zentrale Fragen, die in diesem Zusammenhang zu beantworten sind, werden nachfolgend beschrieben.

**Fragen zur Analyse von Anforderungen aus dem internen Umfeld
der Auslandsposition**

- Wie ist die Position im Unternehmen aufbauorganisatorisch eingeordnet?
- In welcher Entwicklungsphase befindet sich die Auslandsgesellschaft (Gründung, Expansion, Konsolidierung, Abbau)?
- Wie hoch ist der Grad der Autonomie der Auslandsgesellschaft gegenüber dem Stammhaus?
- Welche Unternehmenskultur herrscht in der Auslandsgesellschaft?
- Welche Erwartungen haben Mitarbeiter in der Auslandsgesellschaft und aus dem Stammhaus an den Entsandten. Wo stehen diese im Konflikt zueinander?

Der *dritte* Schritt zielt darauf, die natürliche und die sozio-kulturelle Umwelt, in der die Auslandsgesellschaft tätig ist, zu erfassen. Umweltspezifische Anforderungen leiten sich vor allem aus den Beziehungen zu Vertretern des Gastlandes, die nicht dem Unternehmen angehören, ab. In dieser Phase der Anforderungsanalyse müssen auch mögliche Anforderungen an die Familie des Entsandten bedacht werden. Schwierigkeiten der begleitenden Familie mit der Anpassung an die Lebensbedingungen im Gastland werden häufig als Begründung dafür genannt, dass ein Entsandter seinen Auslandseinsatz vorzeitig abbricht.

Fragen zur Analyse von Anforderungen aus der externen Umwelt der Auslandsposition

– Mit welchen unternehmensexternen Personen (Lieferanten, Kunden) und Institutionen (Ministerien, Zollbehörden) des Gastlandes hat der Auslandsentsandte/seine Familie Kontakt? Wie häufig fallen diese Kontakte an?
– Welche Werte, Normen und Gewohnheiten in der Gastkultur bestimmen die Erwartungen der unternehmensexternen Kontaktpartner an den Stelleninhaber/die Familie?
– Wie ist die gesellschaftliche Stellung des Entsandten in seiner Funktion/als Ausländer charakterisierbar?
– Welche Möglichkeiten bestehen für den Partner, im Gastland die eigene berufliche Laufbahn weiterzuverfolgen oder sich weiterzubilden?
– Welche schulischen Angebote existieren für die Kinder des Entsandten im Gastland?
– Welche Belastungen bringen die alltäglichen Lebensbedingungen des Gastlandes mit sich (Kriminalität, mangelhafte Krankenversorgung, ungewohntes Klima, begrenzter Bewegungsspielraum, Armut, beengte Wohnsituation)?

Um die oben aufgeführten Fragen zu beantworten, kann zum Teil bereits auf vorliegendes Informationsmaterial zurückgegriffen werden. Andere Fragen sind erst auf der Basis eigener Datenerhebungen zu klären. Sofern eine ausführliche Beschreibung der im Ausland zu besetzenden Position vorliegt, können ihr wesentliche Informationen entnommen werden, um die Fachaufgaben und das unternehmensinterne Umfeld der Aufgabenbewältigung zu erfassen. Ebenfalls ausgewertet werden können Berichte früherer Stelleninhaber.

Datenquellen in der Anforderungsanalyse

Ersatzweise kann auch die Stellenbeschreibung einer vergleichbaren Position im Unternehmen zur Analyse der Fachaufgaben herangezogen werden. Hierbei gilt es allerdings zu beachten, dass Auslandspositionen häufig ein größerer Handlungsspielraum im Hinblick auf Tätigkeiten, Verantwortlichkeiten und soziale Beziehungen als im Stammhaus auszeichnet. Über die sozio-kulturellen Bedingungen in einem Gastland geben Länderführer Auskunft, die sich an Geschäftsreisende und Auslandsentsandte wenden (vgl. Anhang 7.2).

Im Allgemeinen werden allerdings diese Quellen nicht ausreichen, um die in den Schritten 1 bis 3 aufgeworfenen Fragen zu beantworten. Um noch bestehende Informationslücken zu schließen, müssen eigene Erhebungen vom entsendenden Unternehmen durchgeführt werden. Ein bewährtes Instrument sind halbstandardisierte Erkundungsinterviews, die in Anlehnung an die Gesprächsregeln der *Critical Incident Technique* (Flanagan, 1954) durchgeführt werden. Eine Zusammenfassung der wichtigsten Regeln enthält Abbildung 12.

Die Technik der kritischen Ereignisse

1. Einstimmung des Gesprächspartners: Beschreibung – Geschehensablauf – Detailreichtum.

2. Aufforderung, sich an einen kritischen Vorfall zu erinnern.

3. Kanalisierung der Schilderung durch Orientierung am chronologischen Ablauf: Beginn – Entfaltung – Ergebnis.

4. Rückfragen zur Vertiefung oberflächlicher Antworten des Gesprächspartners: Wer? Wann? Wo? Womit?

5. Korrektur der Erzählhaltung bei Verallgemeinerungen und Deutungen durch den Gesprächspartner.

6. Zwischenzusammenfassungen zur Sicherung des Verstehens.

Abbildung 12:
Gesprächsregeln der Technik der kritischen Vorfälle nach Flanagan (1954)

Interviewpartner können sowohl gegenwärtige als auch ehemalige Inhaber der fraglichen Auslandspositionen oder ähnlicher Positionen im Gastland sein. Zusätzlichen Aufschluss geben Erkundungsinterviews mit Familienangehörigen der Entsandten/Rückkehrer. Da sich kritische Vorfälle aus der Sicht des Entsandten anders darstellen können als aus der Perspektive der betroffenen lokalen Partner des Entsandten, sind auch Erkundungsinterviews mit Gastlandangehörigen (Vorgesetzten, Kollegen, Mitarbeitern) wünschenswert, was aber in der Personalpraxis bislang nur im Einzelfall ermöglicht wurde.

Das Erkundungsinterview ist ein *Breitbandinstrument*, da es Antworten zu allen in den Schritten 1 bis 3 aufgeworfenen Fragen liefern kann. Ein wesentlicher Nebeneffekt dieses Instrumentes ist, dass seine Anwendung Ausgangsmaterialien für ziellandbezogene Trainingsmaßnahmen (Rollenspiele, Fallstudien) in der Vorbereitung von Mitarbeitern auf einen Auslandseinsatz liefert (vgl. Abschnitt 4.4.3).

Der *vierte* Schritt der Anforderungsanalyse fordert die Ableitung erfolgversprechender Verhaltensweisen in der zu besetzenden Auslandsposition/ im Alltag des Gastlandes. Die Verhaltensbeschreibung umfasst nicht allein die Art des Verhaltens (Was?), sondern auch Angaben über die Intensität (Wie?), Häufigkeit (Wie oft?) sowie Hinweise auf den Kontext, in dem sie gezeigt werden (In welcher Situation?). Am Beispiel der Anforderungen „Beherrschung der Landessprache" und „Sich-Eindenken in die Situation von lokalen Mitarbeitern" seien die notwendigen Detaillierungen illustriert.

Ableitung erfolgversprechender Verhaltensweisen für die Auslandsposition

---

Zwei erfolgversprechende Verhaltensausschnitte eines Entsandten

Der Entsandte führt Verhandlungen mit japanischen Kunden in japanischer Sprache. Er versteht Aussagen und Fragen zu technischen Spezifikationen und Zusammenhängen der Unternehmensprodukte, sofern japanische Verhandlungspartner langsam und klar sprechen. Der Entsandte beschreibt die Produkte des Unternehmens mit den hier für notwendigen Fachbegriffen. Der Entsandte erkennt immer bei der Einstellung neuer Mitarbeiter in Japan, ob die übrigen Mitarbeiter einem bestimmten Kandidaten den Vorzug geben. Er schätzt die Bewertung seiner Personalentscheidungen durch die lokalen Mitarbeiter realistisch ein.

Im *fünften* Schritt müssen aus den vorliegenden Verhaltensbeschreibungen diejenigen ausgewählt werden, die für eine erfolgreiche Bewältigung der Aufgaben/Lebensbedingungen im Gastland zentral sind. Zur Selektion ist folgende Heuristik hilfreich (vgl. Abbildung 13).

Verdichtung erfolgversprechender Verhaltensweisen zu einem Anforderungsprofil

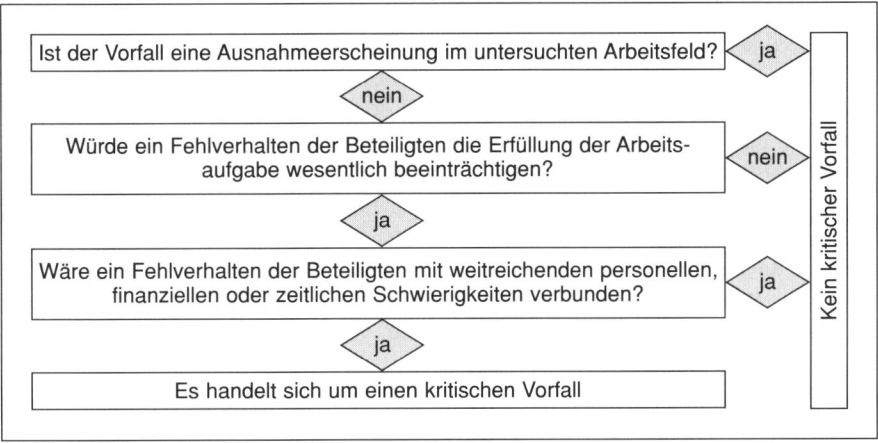

Abbildung 13:
Fragen-Antworten-Sequenz zur Identifizierung eines kritischen Vorfalls

Die verbleibenden Verhaltensbeschreibungen sind erfolgskritisch. Sie werden daraufhin geprüft, ob sie unter Ähnlichkeitsgesichtspunkten zusammengefasst werden können. Die derart „verdichteten" Verhaltensbeschreibungen bilden das Anforderungsprofil für die zu besetzende Auslandsposition. Für die beiden Verhaltensbeschreibungen des obigen Beispiels könnte eine vom Einzelverhalten stärker abstrahierende Zusammenfassung als Anforderungsmerkmal wie folgt lauten (vgl. Tabelle 10).

Tabelle 10:
Integration erfolgversprechender Einzelverhaltensweisen in zwei Anforderungskategorien

Anforderung	Beschreibung
Beherrschen der Landessprache	Der Entsandte muss sich in Alltagssituationen mit Japanern flüssig unterhalten. Produkttechnische Begriffe und Zusammenhänge soll er verstehen, sofern japanische Gesprächspartner auf ihn Rücksicht nehmen. Er soll technische Details japanischen Partnern in der Landessprache erläutern.
Sich-Eindenken in lokale Mitarbeiter	Der Entsandte soll das Arbeitsverhalten der lokalen Partner erklären können. Hierzu bedient er sich sowohl der Erkundung ihrer spezifischen Bedürfnisse, Gefühle und Denkmuster als auch eigener Kenntnisse über die grundlegenden Werte und Normen der Gastlandkultur. Die zu erwartenden Wirkungen seiner Entscheidungen auf die Arbeitsleistung der lokalen Mitarbeiter soll der Entsandte treffsicher abschätzen.

Verhaltensmerkmale vs. Persönlichkeitsmerkmale

Der gewonnene Anforderungskatalog bildet eine Idealbeschreibung des *Verhaltens* des Entsandten und gegebenenfalls des ihn begleitenden (Ehe-) Partners. Eine weitere Abstrahierung in Form der Angabe von *Persönlichkeitsmerkmalen*, die „hinter" den geforderten Verhaltensdimensionen stehen, ist nicht beabsichtigt. Die Formulierung von Verhaltensanforderungen erlaubt eine einfachere Bestimmung der Kriterien, die im anschließenden Auswahlprozess für ein Eignungsurteil herangezogen werden als die Formulierung von Persönlichkeitsanforderungen. Zudem spricht gegen die Orientierung an Personenmerkmalen, dass bislang kein überzeugendes Konzept vorliegt, wie aus geforderten Verhaltensweisen trennscharf die Verhaltensdispositionen der Persönlichkeit abzuleiten sind.

Schwierigkeiten und Defizite der Anforderungsanalyse in der Praxis

Eine ausführliche Anforderungsanalyse, wie sie hier vorgestellt wurde, scheitert in der Praxis meist an fehlenden zeitlichen, personellen oder finanziellen Ressourcen. Als ein Ausweg bietet sich an, für Grobkategorien von Auslandspositionen (z. B. Geschäftsführer, Controller, Trainee,) und Gruppen von Gastländern (z. B. Südostasien, Lateinamerika) Anforderungsprofile zu

40

erstellen. Insbesondere im Bereich der außerfachlichen Anforderungen an den Entsandten und seine Familie lassen sich auch durch die arbeitsteilige Kooperation über Unternehmensgrenzen hinweg Anforderungen ökonomischer und breiter fundiert bestimmen.

Anforderungen an die begleitende Familie werden so gut wie nie erfasst, obgleich die empirische Forschung deren Gewicht für die Arbeitsleistung der Entsandten und seine Neigung, den Auslandsaufenthalt abzubrechen, mehrfach herausgestellt hat. Die Vorteilhaftigkeit einer differenzierten Anforderungsanalyse belegt eine Studie von Tung (1981). Sie zeigt auf, dass die Verwendung positionsspezifischer Anforderungsmerkmale in der Kandidatenauswahl und Vorbereitung der Entsendung weniger Fehlschläge in der Auslandsentsendung nach sich zieht als der Rückgriff auf ein Einheitsprofil von Auslandsanforderungen oder gar der Verzicht auf die Orientierung von Auswahl und Vorbereitung an einem Einheitsprofil.

4.2   Gewinnung von Entsendungskandidaten

Gegenstand des Aufgabenfeldes Gewinnung oder Rekrutierung im Kontext eines Auslandseinsatzes ist die Identifizierung von potenziell geeigneten Bewerbern für die vakante Position im Ausland. Potenziell geeignet ist ein Kandidat genau dann, wenn (1) sein bisheriges Leistungsbild am heimischen Arbeitsplatz verspricht, dass er den fachlichen Anforderungen der Arbeitsaufgabe im Ausland gewachsen ist, und (2) der Kandidat sowie gegebenenfalls sein Partner auf der Grundlage realistischer Informationen zum Arbeits- und Lebensumfeld im Ausland eine Entsendung anstreben.

Grundsätzlich kann die Suche nach Kandidaten sowohl innerhalb des Unternehmens, dem sogenannten *internen Arbeitsmarkt,* erfolgen als auch außerhalb des Unternehmens, d. h. auf dem *externen Arbeitsmarkt.* In der Unternehmenspraxis dominieren deutlich Beschaffungsaktivitäten, die auf den internen Arbeitsmarkt gerichtet sind (Horsch, 1995; Weber et al., 2001). Hierfür sind zwei Gründe maßgeblich:

Suche nach potenziell geeigneten Bewerbern innerhalb und außerhalb des Unternehmens

Zum einen sind viele Ziele, die mit einer Auslandsentsendung verfolgt werden, nur unter der Voraussetzung zu erreichen, dass der Entsandte über Detailkenntnisse zu Produkten, Verfahren, Strukturen und Strategien verfügt, die er erst nach mehrjähriger Unternehmenszugehörigkeit erworben hat. Zum anderen versprechen interne Kandidaten eher das Risiko einer Fehlbesetzung zu verringern, da mehr und breitere Erfahrungen zum bisherigen Leistungsbild des Kandidaten vorliegen und dokumentiert sind als bei einem externen Bewerber.

Selbstselektion der Kandidaten

Die Wege, um Kandidaten für die Auslandspositionen zu gewinnen, unterscheiden sich nicht von denen, für eine inländische Position Bewerber zu rekrutieren: Direktansprache durch den Vorgesetzten; Anzeige der vakanten

Stelle am schwarzen Brett; Hinweis in den Unternehmensmitteilungen; Bekanntgabe per Email; Mitteilung im Intranet.

Die Hauptaufgabe im Rahmen der Rekrutierungsaktivitäten besteht in der Förderung einer optimalen Selbstselektion. In diesem Sinn ist eine Aktivität dann „richtig", wenn sie alle potenziell geeigneten Kandidaten anspricht und alle potenziell ungeeignete Kandidaten von einer Bewerbung abhält. Hierzu benötigt der Adressat der Beschaffungsmaßnahmen Informationen zu den Fragen:

1. Entsprechen meine persönlichen Vorraussetzungen den Anforderungen der zu besetzenden Auslandsposition?
2. Entsprechen die Ausstattungsmerkmale der Stelle meinen eigenen Ansprüchen an eine Auslandsposition?

Dementsprechend wird eine adäquate Werbung um prinzipiell geeignete Kandidaten auf eine differenzierte Darstellung der Stellenanforderungen ebenso wie auf eine realistische Beschreibung der für den Stelleninhaber gegebenen Anreize achten.

Insbesondere die letztgenannte Forderung wird noch zu wenig in der Entsendungspraxis berücksichtigt. Im Bemühen, mehr Mitarbeiter für eine Auslandsentsendung zu interessieren, werden die mit einer Entsendung verbundenen Nachteile verschwiegen und Vorteile übertrieben. Eine besondere Rolle spielen hierbei die guten Aufstiegsmöglichkeiten, die man den Kandidaten für die Zeit nach ihrer Rückkehr in Aussicht stellt. Derartige Zusagen erfüllen sich nur für eine Minderheit von Rückkehrern.

Einen umfassenden Ansatz zur Rekrutierung von Entsendungskandidaten hat die BMW AG in Form eines *Orientierungs-Workshops* entwickelt. Die zweitägige Veranstaltung richtet sich an Mitarbeiter und deren Partner, die – zunächst unverbindlich – an einem Auslandseinsatz Interesse angemeldet haben und in der regelmäßigen Leistungsbeurteilung im Hinblick auf ihre Fachaufgabe als gut qualifiziert eingeschätzt werden. Die Inhalte der Veranstaltung fasst der nachfolgende Kasten zusammen. Als Ziel wird zum einen verfolgt, die Mitarbeiter und ihre Partner auf unterschiedliche Art und Weise vor allem mit den außerfachlichen Anforderungen einer Auslandsentsendung zu konfrontieren. Zum anderen soll dem Mitarbeiter vermittelt werden, mit welchen Personalmaßnahmen durch den entsendenden Unternehmensteil und die aufnehmende Auslandsgesellschaft er rechnen kann.

Erst nach Abschluss des Workshops müssen sich die Teilnehmer äußern, ob weiterhin und gegebenenfalls unter welchen Bedingungen eine Entsendung angestrebt wird.

Für den Fall, dass der mit einem Orientierungs-Workshop verbundene Aufwand in einem Unternehmen nicht erwünscht oder möglich ist, können dennoch Bausteine für die Selbstselektion der Mitarbeiter genutzt werden.

42

Hierbei ist zu denken an:
- Diskussionsrunden mit Rückkehrern zu deren Erfahrungen vor, in und nach dem Auslandseinsatz.
- Broschüren/Videos mit Erfahrungsberichten, in denen die Vorzüge der Auslandstätigkeit ebenso angesprochen werden wie aufgetretene Probleme.
- Videos, die den ausländischen Arbeitsplatz, die typischen Aufgaben, das Arbeitsumfeld sowie die Lebensumstände (Unterkunft, Einkaufsmöglichkeiten, Schule usw.) zeigen.
- Veröffentlichung von Richtlinien zur internationalen Personalpolitik des entsendenden Unternehmens.
- Kurzreisen (mit dem Partner) an den respektiven Arbeitsort, um sich dort unmittelbar über Arbeits- und Lebensbedingungen ein Bild zu machen (Look-and-see-Trips).

Bausteine des Orientierungs-Workshops der BMW AG (interne Unterlagen)

- Präsentation von Erfahrungsberichten ehemaliger Entsandter per Video.
- Diskussion mit einem Ehepaar, das vor kurzem aus dem Auslandseinsatz zurückgekehrt ist.
- Darstellung der Gestaltung der Auslandsentsendung durch die internationale Personalarbeit der BMW AG: Vorbereitung – Gehaltsfindung – Rückkehrgarantie – Betreuung.
- Simulation interkultureller Begegnungen am Arbeitsplatz und im Privatleben mit Feedback zu Stärken und Schwächen im Verhalten.
- Informationsmarkt zu den weltweiten Standorten des Unternehmens.
- Persönliche Bilanzierung der Chancen und Risiken der Entsendung aus der Sicht von Mitarbeiter und (Ehe-)Partner

---

4.3 Die Auswahl geeigneter Entsendungskandidaten

Sind die Anforderungen an den Inhaber der zu besetzenden Auslandsposition bestimmt und haben die Beschaffungsaktivitäten zu einem Pool von entsendungsbereiten und – was ihre fachliche Qualifikation betrifft – potenziell geeigneten Kandidaten geführt, lautet die nächste Aufgabe, den geeigneten Kandidaten auszuwählen. Die hierzu notwendigen Schritte veranschaulicht Abbildung 14.

Die Auswahl von Entsendungskandidaten im Überblick

Handlungsleitend für den Auswahlprozess muss zunächst eine Erweiterung des klassischen Eignungskonzepts sein (vgl. Abbildung 15, S. 45). Im klassischen Verständnis ist ein Mitarbeiter dann für eine Position geeignet,

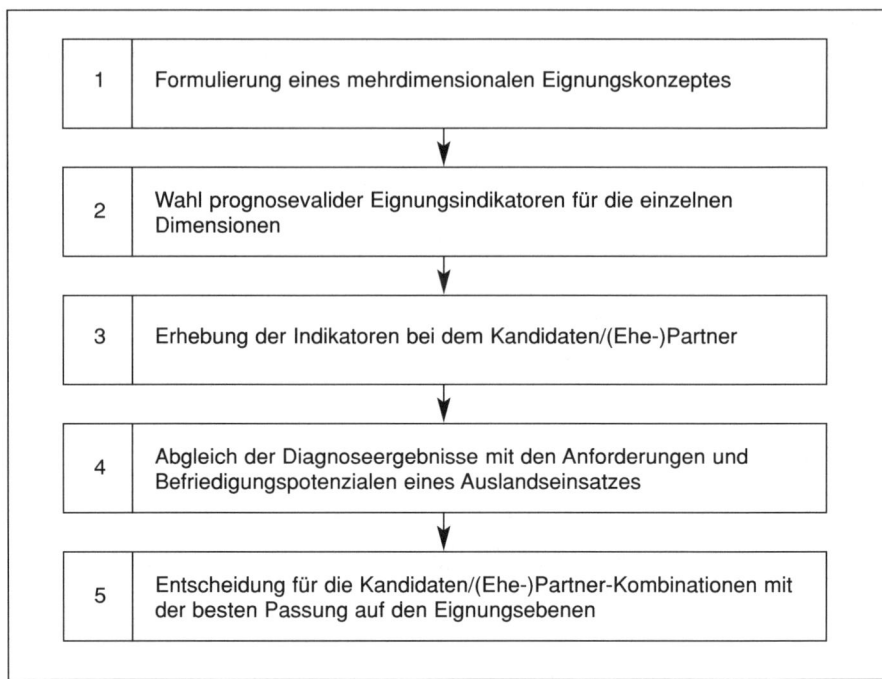

1	Formulierung eines mehrdimensionalen Eignungskonzeptes
2	Wahl prognosevalider Eignungsindikatoren für die einzelnen Dimensionen
3	Erhebung der Indikatoren bei dem Kandidaten/(Ehe-)Partner
4	Abgleich der Diagnoseergebnisse mit den Anforderungen und Befriedigungspotenzialen eines Auslandseinsatzes
5	Entscheidung für die Kandidaten/(Ehe-)Partner-Kombinationen mit der besten Passung auf den Eignungsebenen

Abbildung 14:
Schritte zur Auswahl von Entsendungskandidaten

wenn sein persönliches Fachkönnen (Kenntnisse, Fähigkeiten, Fertigkeiten) erwarten lässt, dass er die mit einer Stelle verknüpften Aufgaben erfolgreich bearbeitet.

Mehrdimensionales Eignungskonzept

Ob die in Aussicht gegebenen Positionen den Ansprüchen des Mitarbeiters an eine Stelle entspricht, wird im traditionellen eindimensionalen Eignungskonzept ebenso selten geprüft wie Auswirkungen der Stellenbesetzung auf die familiäre Situation des Auswahlkandidaten. Im Rahmen der Auswahl für Auslandseinsätze ist – wie die Diskussion der Anforderungen einer Auslandsentsendung an den Mitarbeiter und seinen (Ehe-)Partner Familie bereits angedeutet hat – die Eignung auf mehreren Ebenen zu prüfen.

Defizite der Auswahlpraxis

Die herkömmliche Auswahlpraxis beschränkt sich dagegen auf die erste Ebene, d. h. die Eignung für die Fachaufgabe (vgl. Horsch, 1995; Marx, 1996; Mendenhall, Kühlmann, Stahl & Osland, 2002). Sofern außerfachliche Merkmale in Auswahlentscheidungen berücksichtigt werden, handelt es sich um Kriterien, wie sie auch bei der Besetzung von Inlandspositionen verwendet werden (Black et al., 1999). Die Auswahlpraxis folgt der nicht hinterfragten Maxime: Die Leistung am heimischen Arbeitsplatz ist der beste Prädiktor für die Aufgabenbearbeitung im Auslandseinsatz! Kaum

44

Auslandstätigkeit		Entsendungskandidat
Anforderungen der Fachaufgabe an den Entsendungskandidaten	Passung?	Fachspezifische Qualifikation des Entsendungskandidaten
Außerfachliche Anforderungen der Anpassung in einem anderen Arbeits- und Lebensumfeld an den Entsendungskandidaten	Passung?	Repertoire an Anpassungsstrategien des Entsendungskandidaten
Befriedigungspotenzial der Auslandsposition für den Entsendungskandidaten	Passung?	Arbeits- und Freizeitbedürfnisse des Entsendungskandidaten
Außerfachliche Anforderungen der Anpassung in einem anderen Arbeits- und Lebensumfeld an den (Ehe-)Partner	Passung?	Repertoire an Anpassungsstrategien des (Ehe-)Partners
Befriedigungspotenzial des Auslandsaufenthaltes für den (Ehe-) Partner	Passung?	Arbeits- und Freizeitbedürfnisse des (Ehe-)Partners

Abbildung 15:

Das erweiterte Eignungskonzept bei einer Auslandsentsendung

eine Rolle für die Auswahlentscheidung spielt in der Unternehmenspraxis die Familiensituation des Bewerbers (GMAC Global Relocation Services, 2002).

Auf der Grundlage der im mehrdimensionalen Eignungskonzept festgelegten Eignungsebenen sind als *zweiter* Schritt im Auswahlprozess diejenigen Indikatoren für den Entsandten/Partner zu bestimmen, die den künftigen Entsendungserfolg bereits vor der Entsendung abzuschätzen erlauben. Hierfür kommen grundsätzlich alle Formen von Indikatoren in Frage, die auch bei der Besetzungen heimischer Positionen zur Eignungsprüfung herangezogen werden: Leistungsbeurteilungen, Zeugnisse, Selbstauskünfte, Referenzen, Arbeitsproben, Resultate in psychologischen Testverfahren, Verhalten in simulierten Arbeitssituationen.

Bestimmung von Indikatoren der Auslandseignung

Um die Eignung eines Bewerbers für eine bestimmte Auslandsposition bestimmen zu können, sind verschiedene Verfahren, die sich bei der Besetzung von Inlandspositionen bewährt haben, weiterentwickelt und auf die Besonderheiten der Entsendungsentscheidung abgestimmt worden. Hierbei handelt es sich um strukturierte Interviews (Stahl, 1995), Persönlichkeitstests (Black et al., 1999, S. 66 f.; Zee & Oudenhoven, 2000) und Assessment

45

Center (Kühlmann & Stahl, 1998b). Die Verfahren befinden sich noch in der Erprobungsphase. Angaben zu ihrer Prognosegüte und damit zur Verbesserung der Auswahlentscheidung stehen noch aus. Die Personalpraxis greift bei der Eignungsdiagnose vornehmlich auf unstrukturierte Auswahlgespräche und vorliegende Leistungsbeurteilungen zurück, d. h. auf Verfahren, deren Validität bereits für die Voraussage von Arbeitsleistungen auf zu besetzenden Inlandspositionen gering ist (Black et al., 1999; Horsch, 1995; Marx, 1996). Entsprechend kritisch ist ihr Nutzen für die Vorhersage von Erfolg auf einer Auslandsposition zu beurteilen. Einige zentrale Schwächen dieser beiden Verfahren, die auch bei ihrer Verwendung für die Entscheidung über die Besetzung von Auslandspositionen von Bedeutung sind, zeigt die Tabelle 11.

Schwächen verbreiteter Verfahren der Eignungsdiagnose *(margin note)*

Tabelle 11:
Zentrale Schwächen von Leistungsbeurteilung und unstrukturiertem Interview im Rahmen der Mitarbeiterauswahl

Leistungsbeurteilung	Aussagen in unstrukturierten Interviews
– Verzerrungen in der Eindrucks- und Urteilsbildung durch den Vorgesetzten – Geringe Beurteilungsdifferenzen zwischen Mitarbeitern – Vergangenheitsbezug der Beurteilung – Vernachlässigung des Leistungskontextes – Anfälligkeit gegenüber Tendenzen zur positiven Selbstdarstellung	– Verzerrungen in der Eindrucks- und Urteilsbildung durch den Interviewer – Fehlende Vergleichbarkeit der Aussagen zwischen Kandidaten – Geringer Zusammenhang zwischen „Sagen" und „Tun" – Fragliche Korrektheit der Eigenwahrnehmung – Anfälligkeit gegenüber Tendenzen zur positiven Selbstdarstellung

Der geringe Elaboriertheitsgrad in der Auswahl von Entsendungskandidaten ist teilweise darauf zurückzuführen, dass angesichts einer niedrigeren Auslandsmobilität von Fach- und Führungskräften sowie der verbreiteten Abneigung von Vorgesetzten, hochqualifizierte Mitarbeiter für eine Auslandsentsendung „abzugeben", nur wenige Kandidaten aus einem Unternehmen zur Auswahl stehen.

Leitlinien zur Verbesserung der Auswahlpraxis *(margin note)*

Aus der Kritik der verbreiteten Indikatoren/Verfahren der Bewerberauswahl für Auslandspositionen lassen sich als Forderungen an eine Verbesserung der Auswahlpraxis ableiten:
- Indikatoren sollen Verhalten abbilden.
- Indikatoren sollen durch mehrere Beobachter eingeschätzt werden.
- Indikatoren sollen in Kontexten erfasst werden, die der künftigen Arbeitssituation/Aufgabe ähneln.
- Indikatoren sollen zwischen den Kandidaten differenzieren.
- Für jede Anforderungsdimension sind mehrere Indikatoren zu erheben.

46

Multimodales Interview

Multimodales Interview ist die von Schuler (1992) geprägte Bezeichnung für ein strukturiertes Auswahlinterview, das mit Elementen aus anderen diagnostischen Instrumenten (Arbeitsproben, Tests) angereichert ist. Ähnlich dem Assessment Center folgt das Multimodale Interview einem Mehrfachprinzip: (Meist) mehrere Beurteiler beobachten und bewerten die Reaktion eines Bewerbers in mehreren diagnostischen Verfahren mit Blick auf verschiedene Anforderungen einer Position. Art und Reihenfolge der Komponenten des Multimodalen Interviews sind weitgehend festgelegt. Im Aufbau werden acht Bestandteile unterschieden (vgl. Schuler 2002, S. 191 ff.).

1. *Gesprächsbeginn:* Begrüßung; Bemühen um eine freundlich-offene Gesprächsatmosphäre; Skizzierung des Verfahrensablaufs.
2. *Selbstvorstellung des Bewerbers:* Freier Bericht über Ausbildung, Arbeitserfahrungen und berufsbezogene Erwartungen des Bewerbers.
3. *Freies Gespräch:* offene Fragen an den Bewerber zur Abrundung der Selbstvorstellung und Ergänzung der Angaben in den Bewerbungsunterlagen.
4. *Berufs- und Arbeitsplatzwahl:* offene Fragen an den Bewerber zu den Hintergründen der Berufswahl, der Entscheidung für einen bestimmten Arbeitsplatz sowie zu dem geplanten Wechsel des Arbeitsplatzes; Ergänzung um praxisbezogene Kenntnisfragen.
5. *Biographiebezogene Fragen:* Erkundung typischer Handlungsweisen des Bewerbers in zurückliegenden beruflichen Situationen, die in ihren Anforderungen denen der zu besetzenden Position vergleichbar sind.
6. *Realistische Tätigkeitsinformationen:* Ausgewogene Informierung des Bewerbers über Arbeitsplatz und Unternehmen; Möglichkeit für den Bewerber nachzufragen.
7. *Situative Fragen:* Schilderung von für die Position typischen Problemsituationen mit anschließender Frage nach dem vermutlichen Verhalten des Bewerbers in dieser Situation.
8. *Gesprächsabschluss:* Gelegenheit zu Bewerberfragen, Informierung zum Fortgang des Bewerbungsverfahrens.

Zwei Verfahren zur Erhebung von Indikatoren, die diese Forderungen weitgehend entsprechen, sind das *Multimodale Interview* und das *Assessment Center*. Beide Instrumente der Eignungsprüfung werden bereits seit längerem mit Erfolg bei der Besetzung von Inlandspositionen eingesetzt. Ihre Anpassung für Zwecke der Eignungsprüfung im Kontext von Auslandsentsendungen sei an zwei Beispielen illustriert.

Assessment Center

Das *Assessment Center* (AC) ist ein Verfahren der *Personalauswahl*, in dessen ein- bis zweitägigem Verlauf simultan eine Kleingruppe von Kandidaten an verschiedenen Einzel- und Gruppenübungen teilnehmen und dabei von mehreren Führungskräften (Assessoren) im Hinblick auf verschiedene Anforderungen einer Position beobachtet und bewertet werden. Zentrales Konstruktionsmerkmal ist die konsequente Ausrichtung des Assessment Centers auf ein Mehrfachprinzip:
– mehrere zu beurteilende Personen
– mehrere Beurteiler
– mehrere Anforderungen
– mehrere eignungsdiagnostische Verfahren

Die verwendeten Diagnoseverfahren haben häufig den Charakter von *Simulationen*: Die Teilnehmer werden mehrfach mit realitätsnahen Situationen konfrontiert, die denen in ihrer künftigen Arbeitsposition gleichen und für den Arbeitserfolg bedeutsam sind. Aus dem gezeigten Verhalten der Teilnehmer leitet man direkt Aussagen über die Eignung eines Bewerbers für die zu besetzenden Stellen ab. Das gezeigte Verhalten bei der Bearbeitung der Simulationsübung wird nicht als Indikator für „dahinterstehende" Persönlichkeitsmerkmale verstanden, sondern als repräsentative Stichprobe realer Leistungen am Arbeitsplatz (Punkt – zu – Punkt – Prognose).

Häufig in Assessment Center eingesetzte Verfahren sind:
– Arbeitsproben (z. B. Problemanalyse, Lösungssuche, Entscheidungsfindung)
– Vorträge und Präsentationen
– Gruppendiskussionen mit und ohne Rollenverteilung
– Rollenspiele (z. B. Verkaufsgespräch)
– Einzelinterviews zur Biographie des Kandidaten
– Unternehmensplanspiele
– Leistungs- und Persönlichkeitstests

4.3.1 Multimodales Interview

Der Ausgangspunkt für die Entwicklung dieses ziellandspezifischen Auswahlverfahrens bildeten Interviews nach der Technik der kritischen Ereignisse mit 24 deutschen Entsandten, die zum Zeitpunkt der Erhebung in deutsch-japanischen Joint Ventures tätig waren. Aus den Interviews leitete Stahl (1995) das folgende Anforderungsprofil ab (vgl. Tabelle 12).

Tabelle 12:

Außerfachliche Anforderungen an Ingenieure für eine Entsendung nach Japan
(Stahl, 1995)

Anforderung	Erläuterung
Ambiguitäts-toleranz	Die Fähigkeit, unsichere, mehrdeutige oder frustrierende Situationen zu ertragen und impulsives Verhalten in derartigen Situationen zurückzuhalten.
Gruppen-orientierung	Das Zurückstellen von Eigeninteressen zugunsten des Gruppeninteresses bei Informations-, Problemlöse- und Entscheidungsprozessen.
Einfühlungs-vermögen	Das Ausmaß, mit dem die Bedürfnisse, Wünsche, Gefühle und Meinungen von Interaktionspartnern erkannt und im Verhalten berücksichtigt werden.
Toleranz	Das Bewusstsein der Relativität der eigenen Überzeugungen, Werthaltungen und Verhaltensgewohnheiten, verbunden mit dem Tolerieren andersartiger Denk- und Handlungsmuster.
Verhaltens-flexibilität	Die Fähigkeit, sein Handeln rasch auf sich verändernde Umweltbedingungen umzustellen und früher verstärkende Aktivitäten durch neue befriedigende Tätigkeiten zu ersetzen.
Selbstreflexion	Die realistische und differenzierte Wahrnehmung der eigenen Person, verbunden mit dem Bewusstsein der eigenen Überzeugungen, Werthaltungen und Zielsetzungen.
Beruflicher Einsatz/ Belastbarkeit	Die Bereitschaft, sich in hohem Maße mit der beruflichen Aufgabe zu identifizieren, verbunden mit hohem beruflichen Einsatz und Belastbarkeit bei Arbeitsüberforderung.
Interesse an Wissen über Japan	Spezifisches Interesse an Japan, das sich u. a. in Kenntnissen der japanischen Kultur und Sprache, Urlaubsreisen nach Japan und sozialen Kontakten mit Japanern äußert.
Unterstützung der Familie	Das Maß, mit dem der Mitarbeiter die Bedürfnisse seiner Familie berücksichtigt und Familienmitgliedern in kritischen Situationen effektiv Unterstützung leisten kann.

Zum Abgleich dieser Anforderungsdimensionen mit den persönlichen Voraussetzungen der Kandidaten werden drei Aufgabentypen verwendet: (1) Selbstvorstellung der Kandidaten mit ergänzenden Nachfragen durch die Interviewer, (2) Biografische Fragen und (3) Situative Fragen mit und ohne Kurzrollenspiel.

Drei Bausteine eines Multimodalen Auswahlinterviews für Entsendungskandidaten

Im Aufgabenteil „Selbstvorstellung" soll der Kandidat über die gegenwärtige berufliche Situation sowie die Hoffnungen/Befürchtungen berichten, die er und seine Familie mit der Entsendung nach Japan verknüpfen. Durch gezieltes Nachfragen wird überprüft, wie intensiv sich der Kandidat und seine Familie mit der möglichen Entsendung gedanklich bereits auseinandergesetzt haben.

Der zweite Aufgabenteil enthält eine Reihe von Fragen zur Berufs- und Lebensbiografie des Kandidaten. Erfasste Themen sind u. a.
– Umzüge inner- und außerhalb Deutschlands,
– Erfahrung mit Formen der Gruppenarbeit,
– Erfahrung mit ausländischen Kontaktpersonen,
– Zusammenarbeit mit ausländischen Kollegen,
– Landeskundliche Kenntnisse zu Japan,
– Auslandsstudium und Auslandspraktikum.

Den dritten und zentralen Aufgabenteil des Interviews bilden *Situative Fragen*. Jede Frage enthält die knappe Schilderung eines Vorfalls aus dem Arbeitsalltag der zu besetzenden Position. Hieraus schließt sich die Bitte an, das eigene Verhalten in einer derartigen Situation anzugeben bzw. in Form eines kurzen Rollenspiels darzustellen. Zur Beurteilung der Antworten des Verhaltens dienen fünfstufige Einstufungsskalen, für die – im Sinne eines Entsendungserfolges – positive und negative Ankerbeispiele formuliert werden.

Beispiel für eine situative Frage mit Rollenspiel

Interviewer bzw. Rollenspielpartner: *Sie sind seit zwei Jahren in Japan und haben mit Ihrer Familie geplant, im Sommer erstmals wieder für vier Wochen nach Deutschland zu reisen. Da Ihnen im Entsendungsvertrag derselbe Urlaubsanspruch zugesichert wurde wie in Deutschland, sehen Sie darin kein Problem. Sie haben bereits Ihre Verwandten und einige alte Freunde informiert, damit diese sich auf Ihren Besuch einstellen können. Als Sie drei Monate vor der geplanten Abreise Ihren Urlaub einreichen wollen, eröffnet Ihnen Ihr japanischer Vorgesetzter jedoch: Es tut mir leid, aber ich kann hier höchstens 10 Tage auf Sie verzichten …*

Was antworten Sie?

In der Kombination aller drei Aufgabenteile gelingt es für alle Anforderungsdimensionen, jeweils mehrere Indikatoren zu erfassen (vgl. Tabelle 13).

Erfahrungen mit dem Multimodalen Auswahlinterview Das Interview ist als Gruppeninterview konzipiert, in dem neben dem Gesprächsführer zwei Vertreter des entsendenden Unternehmensteils und mindestens ein Vertreter des aufnehmenden Unternehmensbereichs als Beobachter sowie gegebenenfalls als Rollenspieler teilnehmen. Der Zeitbedarf für ein Interview beläuft sich in der hier dargestellten Form auf zwei Stunden. Die endgültige Auswahlentscheidung fällt auf der Grundlage einer Entschätzung der fachlichen Eignung des Kandidaten (nicht im

50

Tabelle 13:

Zuordnung der Komponenten des Multimodalen Auswahlinterviews zu den damit
erfassten Anforderungsdimensionen

Anforderungsdimensionen	Selbstvor-stellung	Biografische Fragen	Situative Fragen
1. Ambiguitätstoleranz		X	X
2. Gruppenorientierung		X	X
3. Einfühlungsvermögen		X	X
4. Toleranz		X	X
5. Verhaltensflexibilität	X	X	X
6. Selbstreflexion	X	X	X
7. Beruflicher Einsatz/Belastbarkeit	X	X	X
8. Interesse an/Wissen über Japan	X	X	X
9. Unterstützung der Familie	X	X	X

hier dargestellten Verfahren enthalten) sowie der japanspezifischen Eignung,
deren Erfassung oben beschrieben wurde.

In einer Pilotuntersuchung bei acht Entsendungskandidaten zeigte sich, dass
die Eignungsurteile der deutschen und der japanischen Beobachter sich stark
ähnelten. Die beiden aus deutscher und japanischer Sicht aufgestellten Rang-
reihen der Entsendungskandidaten korrelierten sehr hoch (r = .90).

Allerdings sind bei einem Einsatz dieses Auswahlinstruments verschiedene
Einschränkungen zu beachten:
– Es liegen zwar ermutigende Ergebnisse zur Beurteilerübereinstimmung
  des Verfahrens vor, doch bislang fehlen Untersuchungen zur Aussage-
  kraft des Verfahrens bei der Vorhersage des tatsächlichen Erfolges im
  Auslandseinsatz. Hierzu bedarf es einer Längsschnittstudie, in der vor
  der Entsendung die Eignungsindikatoren erfasst werden und nach der
  Entsendung das Eignungsurteil mit dem – wiederum multidimensional
  zu erfassenden – Entsendungserfolg zu vergleichen ist.
– Die Eignung des (Ehe-)Partners (Ebenen 4 und 5 im mehrdimensionalen Eignungskonzept vgl. S. 45) werden nur indirekt durch die Aussa-
  gen des Kandidaten erfasst. Ein Verfahren, das der Partnereignung mehr
  Gewicht schenkt, sollte auch ein Interview mit dem Partner vorsehen.
– Das Verfahren deckt lediglich den Bereich der außerfachlichen Eig-
  nungskriterien ab. Falls im Unternehmen keine bewährten Verfahren zur
  Überprüfung der fachlichen Eignung vorliegen, kann das multimodale
  Interview um diese Eignungsdimension erweitert werden.

Das Multimodale Auswahlgespräch empfiehlt sich als praktische Alternative zur Durchführung unstrukturierter Interviews und zum Rückgriff allein auf Leistungsbeurteilungen insbesondere dann, wenn nur vereinzelt Mitarbeiter in ein bestimmtes Zielland entsandt werden und die personellen sowie finanziellen Ressourcen für ein Assessment Center-Verfahren nicht bereitstehen.

4.3.2 Interkulturelles Assessment Center

Die Verbreitung und Bewährung des Assessment Center-Verfahrens (AC) in der Personalauswahl, Laufbahnplanung und Bildungsbedarfsanalyse hat die Entwicklung von Varianten des AC gefördert, die zur Auswahl/Vorbereitung von Entsendungskandidaten genutzt werden können. In Abgrenzung zu den konventionellen Assessment Center-Verfahren konfrontieren hier die Übungen den Entsendungskandidaten mit simulierten Arbeitssituationen am ausländischen Einsatzort, die einerseits für den die erfolgreiche Aufgabenbearbeitung maßgeblich sind und andererseits eine Auseinander-

Tabelle 14:

Erläuterung der Merkmale interkultureller Handlungskompetenz

Dimensionen Interkultureller Kompetenz	Erläuterungen
1. Ambiguitätstoleranz	Bleibt in mehrdeutigen oder widersprüchlichen Situationen gelassen; wertet derartige Situation als Herausforderung, analysiert sie und sucht nach Wegen situationsangemessenen Verhaltens.
2. Kontaktbereitschaft	Schätzt den geselligen Umgang mit anderen Menschen, fühlt sich in Gesellschaft anderer wohl und meidet das Alleinsein.
3. Unvoreingenommenheit	Toleriert abweichende Wertvorstellungen anderer Menschen; vermeidet stereotype Vorstellungen über Mitglieder einer anderen Gruppe; betrachtet verschiedene Kulturen als gleichwertig.
4. Verhaltensflexibilität	Lässt sich im Verhalten von den Erfordernissen der jeweiligen Situation leiten; beherrscht ein breites Repertoire an Verhaltensweisen; verhält sich diplomatisch.
5. Empathie	Versetzt sich in andere Menschen hinein; erkennt richtig deren Bedürfnisse und Gedanken; kümmert sich um die psychische Verfassung der Kontaktpartner.
6. Kommunikationssteuerung	Behebt aktiv Stockungen und Missverständnisse in Gesprächssituationen; spricht über das Gespräch und seine Schwierigkeiten (Rückfragen, Zusammenfassungen, Wiederholungen).
7. Zielorientierung	Strebt danach, besondere Leistungen zu vollbringen; ist bereit, viel Arbeit auf sich zu nehmen, um die hochgesteckten Ziele zu erreichen; die Hoffnung auf Erfolg ist stark; arbeitet ausdauernd.

setzung mit ungewohnten Normen, Werten und Routinen ausländischer Partner fordern. Die Simulationen haben die Form von Rollenspielen, Fallstudien, Gruppendiskussionen, Filmanalysen oder (Selbst-) Präsentationen. Als Beobachter/Beurteiler der Entsendungskandidaten fungieren nicht nur heimische Führungskräfte, sondern auch lokale Vertreter der Auslandsgesellschaft. Nach Durchlaufen der einzelnen Übungen erhält der Kandidat in einer abschließenden Feedback-Runde Hinweise darauf, welche bei ihm beobachtete Verhaltensmerkmale den Anforderungen von Auslandspositionen entsprechen und welche nicht.

Der Aufbau eines AC für Entsendungskandidaten sei am Beispiel des *Interkulturellen Assessment Center* (IAC) von Kühlmann und Stahl (1998b) illustriert. Es handelt sich um ein kultur- und positionsneutrales Verfahren, d. h. das Zielland einer Entsendung muss vorab ebenso wenig festgelegt sein wie die zu besetzende Auslandsposition. Dementsprechend liegt dem IAC ein Anforderungsprofil zugrunde, das notwendige aber noch nicht hinreichende Voraussetzungen für das erfolgreiche Agieren im Auslandseinsatz umfasst. Tabelle 14 beschreibt diese Anforderungen im einzelnen.

Aufbau und Ablauf eines Interkulturellen Assessment Center

Gewonnen wurde diese Minimalausstattung eines erfolgreichen Auslandsentsandten aus der Inhaltsanalyse der Interviewaussagen von ca. 130 deutschen Führungskräften, die in unterschiedlichen Ländern und Stellun-

Tabelle 15:
Beispiel-Übungen im Interkulturellen Assessment Center (IAC)

Übungen	Merkmale interkultureller Kompetenz						
	Ambiguitätstoleranz	Zielstrebigkeit	Kontaktbereitschaft	Einfühlungsvermögen	Verhandlungsflexibilität	Unvoreingenommenheit	Kommunikationssteuerung
Selbstvorstellung (inkl. Erwartungen an eine Auslandsentsendung)	X	X	X	X	X	X	
Ausdruck von Emotionen	X				X		
Rollenspiele zur interkulturellen Kooperation	X			X	X	X	X
Analyse von Filmsequenzen über interkult. Probleme				X		X	
Fragebogen zur interkultureller Kompetenz	X	X	X	X	X	X	
Paardiskussion kritischer Vorfälle im Auslandseinsatz				X		X	
Gruppendiskussion zur Auswahl von Entsandten		X	X	X	X	X	X
Gruppenarbeit in einer simulierten Fremdkultur	X	X	X	X	X	X	X

gen gearbeitet haben. Ob das Verhalten der Kandidaten den außerfachlichen Anforderungen einer Auslandsentsendung entspricht, wird im IAC jeweils durch mehrere Übungen überprüft (vgl. Tabelle 15).

Das IAC in der hier vorgestellten Form dauert acht Stunden. Für jede Übung liegen verhaltensorientierte Beobachtungs-/Beurteilungsskalen vor. Die Einschätzungen der Assessoren werden um eine Beurteilung jedes Kandidaten durch die anderen Teilnehmer (*peer-rating*) ergänzt. Gegenstand der Beurteilung durch die anderen Kandidaten ist (1) das erwartete Ausmaß der Arbeitsleistung im Ausland sowie (2) die Akzeptanz, die der Kandidat bei den Gastlandangehörigen erfahren wird.

Der folgende Kasten beschreibt beispielhaft eine im IAC verwendete Falldiskussion. Sie zielt vornehmlich auf die Anforderungen Einfühlungsvermögen und Unvoreingenommenheit ab.

Beispiel einer Paardiskussion aus dem Interkulturellen Assessment Center

Michael Berger wurde von seinem Unternehmen mit einer Feldstudie in Korea betraut. Um sich bei seinem ersten Auslandsprojekt gut in Szene zu setzen, hat sich Herr Berger sofort daran gemacht, seine Koreanisch-Kenntnisse aufzufrischen. Er hatte diese Sprache bereits an der Universität drei Jahre lang gelernt und seine Lektoren hatten ihm versichert, dass er sich gut auf Koreanisch verständigen konnte. Dennoch bemerkt Herr Berger nach seiner Ankunft in Korea, dass die Leute häufig zu kichern beginnen, wenn er sie anspricht oder ihm auf Englisch antworten, obwohl sie die Sprache kaum beherrschen. Immer wenn er versucht, einen etwas komplexeren Sachverhalt auf Koreanisch zu erklären, fordern ihn seine Gesprächspartner lächelnd auf, doch Englisch zu reden. Die Leute kichern sogar dann, wenn Berger davon überzeugt ist, dass das, was er gesagt hat, korrekt ist. Herr Berger wird dadurch sehr entmutigt. Bald schon ist Herr Berger so frustriert, dass er kaum noch koreanisch spricht.

Bitte diskutieren Sie mit Ihrem Seminarpartner folgende Fragen:
– Worin liegt das Problem begründet?
– Welche Maßnahmen zur Problemlösung schlagen Sie vor?

Zur Diskussion stehen Ihnen 10 Minuten zur Verfügung.

Nach Abschluss des IAC wird für jeden Teilnehmer sein Individualprofil auf den sieben Anforderungsdimensionen, die dem IAC zugrunde liegen, erstellt und „unter vier Augen" erläutert. Diese Feedback dient als Ausgangspunkt, um gezielte Maßnahmen zur Förderung der interkulturellen Kompetenz des Kandidaten zu diskutieren und zu vereinbaren.

Ob und in welchem Umfang das IAC anderen Verfahren zur Auswahl für den internationalen Personaleinsatz überlegen ist, kann bislang nur vorsichtig abgeschätzt werden. Erste Hinweise auf die Gültigkeit erlaubt der Vergleich der Beobachtereinstufungen mit den Urteilen der Kandidaten zur Arbeitsleistung und Akzeptanz im Ausland. Hierbei zeigten sich deutliche Zusammenhänge (Kühlmann & Stahl, 1998b).

Neben der Auswahl an Entsendungskandidaten zieht der Einsatz des IAC eine Reihe positiver Nebenwirkungen im Kontext der Internationalisierung von Unternehmen nach sich. Durch den Einsatz ehemaliger Entsandter als Beobachter kann das Unternehmen von den oftmals ungenutzten Erfahrungen der Rückkehrer profitieren. Das IAC stellt letztlich auch ein Instrument zur Förderung der interkulturellen Kompetenz aller Beteiligten dar, Beobachter und Teilnehmer eingeschlossen. Es ermöglicht zudem das Controlling von Maßnahmen, die im Rahmen der internationalen Personalentwicklung durchgeführt werden. Eine Institutionalisierung des IAC trägt schließlich zur Schaffung einer international orientierten Unternehmenskultur bei.

Der Einsatz eines Assessment Center im Rahmen von internationalen Personaleinsätzen empfiehlt sich insbesondere dann, wenn frühzeitig der Bestand international einsetzbarer Mitarbeiter identifiziert bzw. ausgebaut werden soll. Die Einschränkungen der praktischen Nutzung von Assessment Center-Verfahren für die Selektion von Entsendungskandidaten gleichen denen, die für das Multimodale Interview angegeben werden (vgl. S. 51). Darüber hinaus erfordert die Planung und Durchführung eines Assessment-Center mehr zeitliche, finanzielle und personelle Ressourcen.

Weiterentwicklungen des Assessment Center-Verfahren gehen in drei Richtungen:

1. Integration der Einzelübungen in umfassendere Arbeitsaufträge (*Dynamisches Assessment Center*). So bietet etwa die simulierte Gründung eines Joint Venture auf einem ausländischen Markt den verbindenden Rahmen für eine Reihe unterschiedlicher Rollenspiele, Fallstudien, Präsentationen und Gruppendiskussionen. Aus dem Assessment Center wird ein Planspiel (vgl. Abbildung 16). Mit dem Dynamischen Assessment Center ist eine Reihe von Vorteilen gegenüber dem klassischen AC-Verfahren verbunden:

   – Realistische Annäherung an komplexe Aufgabenstellungen,
   – Beobachtung situationsübergreifender Handlungsmuster von Kandidaten,
   – Demonstration des Lernpotenzials der Kandidaten,
   – Einblick in den Umgang des Kandidaten mit Erfolg und Misserfolg.

2. Internationalisierung der Kandidatenzusammensetzung. Den internationalen Personaleinsatz tragen nicht mehr allein heimische Mitarbeiter

55

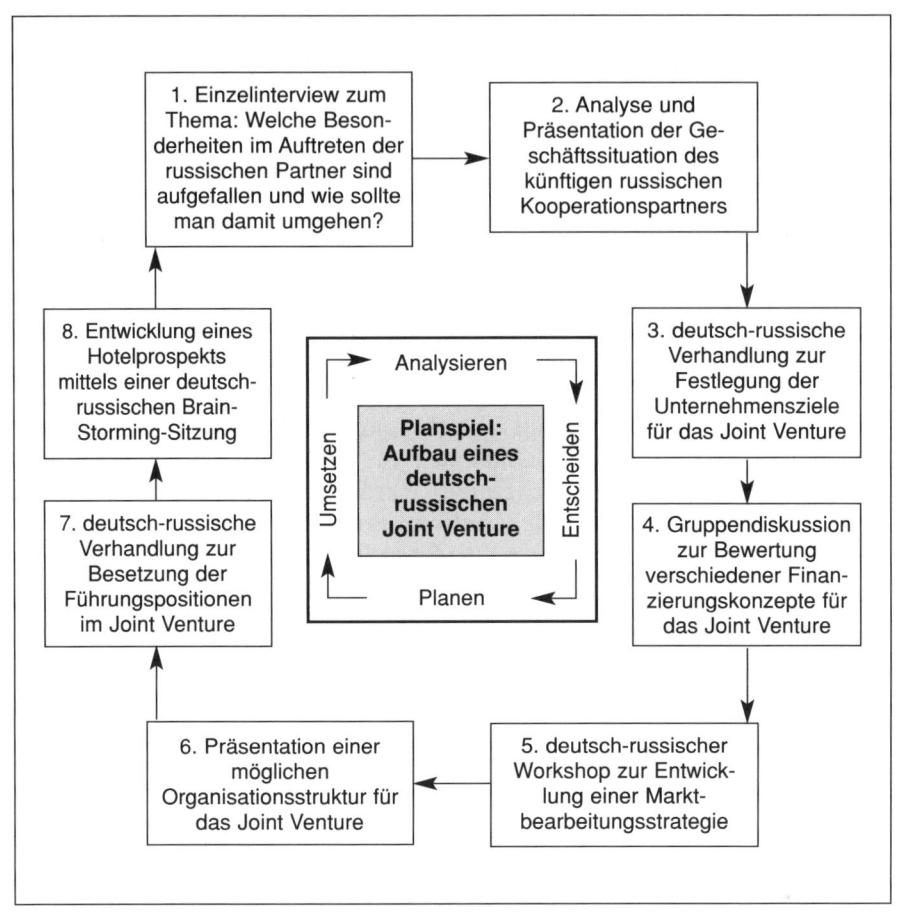

Abbildung 16:
Integration von Beobachtungsübungen in ein Planspiel

des Stammhauses, die in Auslandsgesellschaften entsandt werden, sondern zunehmend auch lokale Mitarbeiter ausländischer Niederlassungen bzw. Drittlandangehörige, die in andere Auslandsgesellschaften oder in das Stammhaus versetzt werden. Dementsprechend wird der Kreis der Entsendungskandidaten multinationaler. Damit verknüpft ist die Chance, interkulturelle Begegnungen am Arbeitsplatz noch realitätsnäher zu simulieren.

Assessment Center für (Ehe-)Partner des Entsandten

3. Berücksichtigung der Auslandseignung von (Ehe-)Partnern (*Partner-Assessment Center*). Die (Ehe-)Partner von Auslandsentsandten stehen einer Reihe von Anforderungen gegenüber, die nicht mit denen an einen Auslandsentsandten identisch sind: Der eigene Arbeitsplatz muss

aufgegeben werden, ein neuer Freundeskreis ist aufzubauen, der Haushalts in einem anderen Land geführt werden, Repräsentationsaufgaben sind wahrzunehmen, eventuell ist Dienstpersonal anzuleiten usw. Wir haben bereits darauf hingewiesen, dass die Belastungen von (Ehe-)Partnern im Anpassungsprozess als höher zu veranschlagen sind und ein Scheitern hierbei auch den Erfolg des Entsandten gefährdet. Ein Partner-Assessment Center erlaubt es, die Auslandseignung von Begleitpersonen anforderungsspezifisch zu erfassen. Eine Beispielübung zur Simulation interkultureller Begegnungen, die sich an (Ehe-)Partnerinnen von Entsendungskandidaten wendet, verdeutlicht der nachfolgende Kasten (S. 58).

Die Simulation inszeniert einen fiktiven Handlungskontext – die Planung eines Festempfangs –, in dem zwei Teilnehmergruppen mit unterschiedlichen Rollenvorgaben zu agieren haben. Eine Teilnehmergruppe spielt die Ehefrauen deutscher Entsandter, während die zweite Gruppe anhand detaillierter Verhaltensinstruktionen die fiktive Kultur von „Erewon" repräsentieren soll. Die Planung kann in der zur Verfügung stehenden Zeit dann erfolgreich abgeschlossen werden, wenn die Teilnehmer der ersten Gruppe die Verhaltensregeln der Gastlandkultur erkennen, flexibel auf die Eigenheiten der Vertreter der Gastlandkultur eingehen, Missverständnisse mit Geduld ertragen und – metakommunikativ – „reparieren". Zu den Stärken dieser Simulationsübung gehört, dass sie typische Schwierigkeiten einer kulturellen Überschneidungssituation unmittelbar erfahrbar macht. Auch sind mit der Wahl einer fiktiven Gastlandkultur die Ausgangsbedingungen für alle Teilnehmerinnen vergleichbar, Vorkenntnisse über spezifische Kulturen können den Ablauf der Simulation nicht beeinflussen. Ein Schwachpunkt einer kulturallgemeinen Simulation besteht in der Neigung von Teilnehmern, die Simulation als Spiel nicht ernst zu nehmen oder gar als unrealistisch abzulehnen.

Im vierten Schritt der Auswahl von Entsendungskandidaten ist auf der Grundlage der erfassten Qualifikationen und Ansprüche des Entsendungskandidaten sowie seines Partners die Passung der Kandidaten- und Partnermerkmale mit den Anforderungen und den Befriedigungspotenzialen der Auslandsentsendungen zu prüfen. Das dieser Logik zugrundeliegende Ziel, die Kandidaten-Partner-Kombination zu identifizieren, deren Profil vollständig mit den Anforderungen und Befriedigungspotenzialen übereinstimmt, wird nur im Ausnahmefall erreicht werden können. Zwischen den Profilen der Personenmerkmale und der Entsendungsmerkmale bestehen meist Abweichungen. Daher kann es bei der Auswahl des Entsendungskandidaten nur darum gehen, einen Bewerber zu identifizieren, für den die Passung auf allen Ebenen annäherungsweise gegeben ist bzw. durch Vorbereitungsmaßnahmen die Deckungslücke zu schließen ist.

Vergleich des Profils von Qualifikationen und Ansprüchen des Kandidaten mit dem Profil der Anforderungen und Befriedigungspotenziale der Auslandsposition

Stellen Sie sich bitte vor: Sie gehören zu einer kleinen Gruppe deutscher Frauen, die mit ihren Ehemännern vor 2 Monaten in den Kleinstaat Erewon gekommen sind. Ihre Männer haben für 3 Jahre leitende Positionen in dem neu entstandenen Montagewerk, dem ersten des Unternehmens in diesem Land, übernommen. Aus Anlass der Werkseröffnung soll ein Festempfang für wichtige Personen des Gastlandes stattfinden. Da Ihre Ehegatten noch alle Hände voll zu tun haben, um ein termingerechtes Anlaufen der Produktion sicherzustellen, hat man Sie gebeten, zusammen mit der Gruppe von Ehefrauen der im Werk beschäftigten einheimischen Führungskräfte den Festempfang zu planen. In Kürze werden Sie mit der Gruppe der einheimischen Frauen zusammentreffen, um alle wichtigen Punkte der Planung festzulegen. Die Zeit drängt und Sie müssen bei diesem Zusammentreffen zu klaren Absprachen über folgende Punkte kommen:

– Wer wird eingeladen?
– Wie wird die Einladung ausgesprochen?
– Welches Essen und welche Getränke sollen gereicht werden?
– Welche Sitzordnung ist angemessen?
– Wer übernimmt die Bedienung der Gäste?
– An welchem Wochentag und zu welcher Zeit soll der Empfang stattfinden?
– Wie werden Fahrer und Leibwächter der Gäste bewirtet?

Mit den Ehefrauen der einheimischen Mitarbeiter hatten Sie bislang noch keinen Kontakt. Sie wissen nur, dass die Rolle der Frau in der Gesellschaft von Erewon nicht mit dem Rollenverständnis gleichzusetzen ist, das Sie aus Ihrem Heimatland kennen.

Sie betreten nun das Haus des einheimischen Einkaufsleiters, in dem sie sich mit den anderen Frauen der ausländischen Kollegen verabredet haben, und werden von einer Bediensteten in einen Raum geleitet. Ihre Gesprächspartner sprechen Deutsch. Sie haben zunächst 10 Minuten Zeit, sich grundsätzliche Überlegungen zu Ihrem Vorgehen zu machen. Anschließend beginnt das Zusammentreffen mit den ausländischen Kollegenfrauen. Hierfür stehen 30 Minuten zur Verfügung.

Nach dem Treffen ziehen sich die ausländischen Kollegenfrauen zurück, und es bleiben Ihnen noch 10 Minuten, um zusammen die kulturellen Besonderheiten in Erewon zu besprechen.

Für zukünftige Zusammenkünfte erarbeiten Sie bitte eine Liste der Verhaltensregeln, die man bei Treffen mit Frauen aus Erewon beachten sollte.

Spielhinweise für die Frauen von Erewon

Sie sind Ehefrau eines einheimischen Mitarbeiters eines Montagewerks in Erewon. In Ihrem Land gelten insbesondere folgende Regeln:

1. Der traditionelle Gruß ist ein Handschlag mit der *linken* Hand.
2. Alle geschlossenen Fragen (Antwortmöglichkeiten „Ja" oder „nein") beantworten Sie bitte mit einem „mmh", begleitet von einem Hin- und Herwiegen des Kopfes.
3. Wird eine Frage an kein bestimmtes Mitglied Ihrer Gruppe gestellt, beginnen Sie bitte alle lautstark um das Recht zu kämpfen, darauf zu antworten. Nach etwa 30 Sekunden sollte sich das jeweils lautstärkste Mitglied durchsetzen.
4. Alle Gesprächsbeiträge sind mit reicher Gestik zu begleiten. Gesprächsbeiträge einer deutschen Frau, die ohne deutliche Gestik ablaufen, kommentieren Sie bitte mit: „Wie bitte?" „Würden Sie das noch einmal wiederholen?" „Könnten Sie das deutlicher sagen?" u. Ä.
5. Werden Sie gebeten, eigene Planungsvorschläge vorzubringen, weichen Sie aus oder reagieren Sie mit „Gott wird es schon richten".
6. Vorschläge für Speisen und Getränke mit männlichem Geschlecht (*der* Wein, *der* Braten) lehnen Sie strikt mit dem Hinweis auf ihre Unreinheit ab.
7. Ihrer gesellschaftlichen Stellung widerspricht es, die Vorbereitung des Essens bzw. die Bedienung zu übernehmen. Sie stehen einem Festempfang eher ambivalent gegenüber. Einerseits reizt Sie die Gelegenheit, die Ehefrauen aus einem anderen Land näher kennen zu lernen. Andererseits fühlen Sie sich unbehaglich, in der Öffentlichkeit den Blicken fremder Männer ausgesetzt zu werden.

4.4   Vorbereitung auf den Auslandseinsatz

Ist der zu entsendende Mitarbeiter bestimmt, konzentriert sich in der *Vorbereitungsphase* die internationale Personalarbeit darauf, den anstehenden Wechsel der Arbeits- und Lebensbedingungen für den ausgewählten Mitarbeiter und die ihn eventuell begleitende Familie durch eine Reihe von Dienstleistungen zu unterstützen und die Bedingungen, unter denen die Entsendung erfolgt, vertraglich zu regeln (vgl. Abbildung 17).

Überblick zur Vorbereitung auf den Auslandseinsatz

4.4.1 Beratung des Entsendungskandidaten

Im Vorfeld der Ausreise hat der Entsendungskandidat sich mit einer Fülle von Einzelfragen auseinander zu setzen, die zum einen die Ausreise aus dem Heimatland und zum anderen die Einreise in das Gastland betreffen.

Beratungsbedarf im Vorfeld einer Auslandsentsendung

59

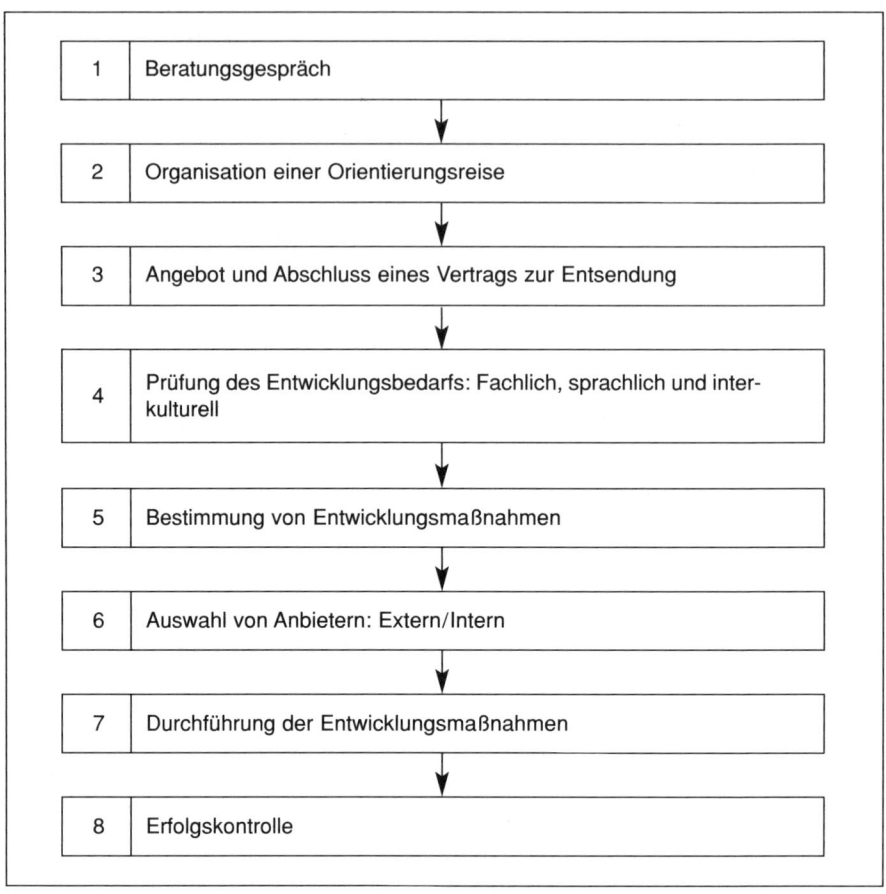

Abbildung 17:
Schritte zur Vorbereitung auf einen Auslandseinsatz

Eine Checkliste der Vorbereitungsschritte, an die der Mitarbeiter vor der Entsendung zu denken hat, findet sich auf der in der Umschlaginnenseite befindlichen Karte. Der stärkste Informations- und Beratungsbedarf besteht im Hinblick auf die folgenden aufgeführten Fragenkomplexe.

Die qualifizierte Beantwortung dieser Fragenkomplexe erfordert eine enge Zusammenarbeit zwischen Personalbereich, entsendendem Unternehmensbereich, Auslandsgesellschaft und externen Spezialisten (z. B. Steuerberater, Sozialversicherungsträger, Relocation-Service, Trainer).

Look-and-see-Trip Neben der Information und Beratung des Entsendungskandidaten wird in vielen Fällen dem Mitarbeiter und seinem Partner eine ca. einwöchige Orientierungsreise *(Look-and-see-Trip)* angeboten. Zentrales Ziel, das mit

60

Häufige Fragen von Entsendungskandidaten an die Personalabteilung

Wohnen

– Sollen Haus oder Wohnung beibehalten werden?
– Wie beteiligt sich der Arbeitgeber an den Mehrkosten eines Wohnungswechsels?
– Was stellt der Arbeitgeber an Wohnmöglichkeiten im Ausland zur Verfügung?
– Gibt es Mietzuschüsse?

Privatfahrzeuge

– Soll der Privat-Pkw verkauft, stillgelegt oder mitgenommen werden?
– Wie beteiligt sich der Arbeitgeber am Kauf eines Privat-Pkws im Ausland (einschließlich Versicherungsprämie und Betriebskosten)?
– Steht im Ausland ein Firmen-Pkw zur privaten Nutzung zur Verfügung?

Urlaub

– Bleibt der Urlaubsanspruch des Heimatlandes im Ausland erhalten?
– Gibt es Sonderurlaub für Gastländer mit hohen Belastungen (z. B. Umweltverschmutzung)?
– Wie viele Heimaturlaube/Familienheimfahrten werden gewährt und finanziert?
– Wer übernimmt die Kosten einer Heimreise in Notfällen (schwere Erkrankungen, Todesfälle)?

Sozialversicherung

– Können laufende Versicherungen (z. B. Renten-/Krankenversicherung) im Heimatland fortgeführt werden?
– Welche Zusatzversicherungen sind notwendig oder empfehlenswert?
– Wie werden betriebliche Versorgungsleistungen (für Alter, Tod, Invalidität) fortgeführt?

Besteuerung

– Wo ist der Mitarbeiter mit seinem Arbeitsgehalt steuerpflichtig?
– Welche anderen Einkünfte unterliegen weiter der Besteuerung im Inland?
– Welche Möglichkeiten der Steuerbefreiung im Inland/Ausland bestehen?

Schule

– Welche Schulen im Ausland entsprechen den deutschen Ausbildungs-
  plänen und -standards?
– Übernimmt der Arbeitgeber die Kosten für eine Privatschule?
– Wie beteiligt sich der Arbeitgeber an der Lösung von Schulschwierig-
  keiten im Ausland/nach der Rückkehr?

Arbeitsverhältnis des Ehepartners

– Hilft der Arbeitgeber bei der Stellensuche im Ausland/bei Rückkehr?
– Beteiligt sich der Arbeitgeber an Kosten für Umschulung und Weiter-
  bildung des Partners?
– Wie wirken sich fehlende Beschäftigungszeiten des Partners auf die
  Altersvorsorge aus?
– Erhält der Partner einen Ausgleich für entgangenes Einkommen?

Gehalt des Entsandten

– Wie errechnet sich das Gehalt im Ausland?
– Mit welchen Zulagen kann der Entsandte rechnen?
– In welcher Währung wird das Gehalt ausgezahlt?
– In welchen Abständen wird das Gehalt überprüft und gegebenenfalls
  angepasst (z. B. bei Wechselkursschwankungen)?

Rückkehr

– Wie wird der Mitarbeiter im Unternehmen nach der Rückkehr aus dem
  Ausland beschäftigt?
– Welche fachliche Weiterbildung bietet das Unternehmen während und
  nach der Entsendung an?
– Welche Rückkehrkosten werden vom Arbeitgeber getragen?
– Gibt es einen festen Ansprechpartner für alle mit der Rückkehr zusam-
  menhängenden Fragen (z. B. Mentor)?

einem Vorabaufenthalt im Gastland verfolgt wird, ist die Suche nach In-
formationen über:
– Künftige Kollegen, Vorgesetzte, Mitarbeiter,
– Aufgabenstellung aus lokaler Sicht,
– Arbeitsalltag,
– Wohnungsmarkt (evtl. Beginn der Wohnungssuche),
– Schulen und deren Bildungspläne,
– Beschäftigungsmöglichkeit des Ehepartners,

- Warenangebot und Dienstleistungen,
- Weiterbildung im Ausland,
- Freizeitmöglichkeiten,
- Verkehrssituation.

4.4.2 Gestaltung des Entsendungsvertrags

Aufgaben und Ansprüche des entsandten Mitarbeiters werden in Form eines Entsendungsvertrages mit dem entsendenden Unternehmensbereich und/oder der Auslandsgesellschaft festgehalten. Wichtige Bestandteile, die der Vertrag enthält, sind nachfolgend (vgl. auch Mustervertrag im Anhang 7.1) aufgeführt.

Aufbau eines Entsendungsvertrags

Bausteine eines Entsendungsvertrags
- Form des Auslandseinsatzes, - Position und Arbeitsaufgaben, - Organisatorische Zuordnung, - Entsendungsdauer, - Vergütung (inkl. Wechselkursabsicherung), - Kündigungsregelung, - Wohnungsregelung, - Urlaubs-/Heimfahrtenregelung, - Sozialversicherung, - Besteuerung, - Betriebliche Versorgungsregelung, - Rückkehrzusage.

Besonders aufwändig gestaltet sich hierbei die Ermittlung der Vergütung des Entsandten. Die teilweise konträren Erwartungen von entsendendem Unternehmen und entsandtem Mitarbeiter an die Ermittlung der Vergütung stellt Tabelle 16 gegenüber.

Tabelle 16:
Erwartungen an die Auslandsvergütung

Erwartungen des entsendenden Unternehmens an die Auslandsvergütung	Erwartungen des entsandten Mitarbeiters an die Auslandsvergütung
• Berücksichtigung der Stellenanforderungen • Koppelung mit Arbeitsleistung • Passung zur Vergütungsstruktur der Auslandsgesellschaft • Kosten der Auslandstätigkeit niedriger als der finanzielle Nutzen • Anreiz für internationale Mitarbeitermobilität	• Berücksichtigung der Stellenanforderungen • Sicherung des bisherigen Lebensstandards • Ausgleich von Nachteilen durch den Auslandseinsatz • Anerkennung für gezeigte Mobilität

63

Bei der Vergütung von Entsandten lassen sich zwei Grundmodelle unterscheiden. Der *Heimatlandansatz* (*home country approach*) bestimmt Höhe und Entwicklung der Vergütung nach den Regeln des entsendenden Unternehmensteils. Dagegen gilt nach dem *Gastlandansatz* (*host country approach*) das lokale Gehaltsgefüge als Maßstab zur Vergütung des Entsandten.

Mit dem Heimatlandansatz ist der Vorteil verknüpft, dass die Anbindung der Vergütung an das Gehaltssystem des entsendenden Unternehmensteils auch während des Auslandseinsatzes weitergeführt wird, was die Vergleichbarkeit der Vergütung für ähnliche Positionen erleichtert und die Wiedereingliederung des Mitarbeiters in das Gehaltsgefüge nach seiner Rückkehr vereinfacht. Der Heimatlandansatz ist für den Entsandten nur dann attraktiv, wenn der mit dem Einkommen zu finanzierende Lebensstandard im Ausland gegenüber dem Heimatland nicht absinkt (z. B. bei einer Entsendung von einem Hochlohnland in ein Niedriglohnland). Für eine am Heimatland orientierte Vergütung kann von Nachteil sein, dass die Gehälter von Entsandten höher ausfallen als bei lokalen Mitarbeitern auf vergleichbaren Positionen. Der Entsandte passt nicht in das Mitarbeiter-Gehaltsgefüge des Gastlandes, was bei lokalen Mitarbeitern das Gefühl, ungerecht behandelt zu werden, provoziert.

Strebt man eine Gleichstellung des Entsandten mit den lokalen Arbeitskräften im Gastland an, ist der Gastlandansatz angemessener. Diese Form der Vergütungsfindung ist aber nur dann durchsetzbar und mobilitätsfördernd, wenn der mit der Vergütung erreichbare Lebensstandard im Gastland nicht unter den des Heimatlandes fällt (z. B. bei einer Entsendung von einem Niedriglohnland in ein Hochlohnland).

Um die in beiden Grundmodellen mögliche, aber unerwünschte Absenkung des Lebensstandards des Entsandten auszuschließen, wird bei der Festlegung der Vergütungshöhe die Netto-Vergleichsrechnung herangezogen. Diese Methodik ist dem Grundgedanken verpflichtet, dass der Lebensstandard des Entsandten auch im Ausland zu erhalten ist und die mit der Auslandstätigkeit einhergehenden Zusatzkosten/Erschwernisse ausgeglichen werden sollen. Am Beispiel eines verheirateten Entsandten mit einem Kind wird erläutert, wie die Berechnung erfolgt (Tabelle 17).

Ausgangspunkt für die Berechnung ist das Bruttojahresgehalt, das für ein der vorgesehenen Auslandsposition vergleichbares inländisches Arbeitsverhältnis bezahlt würde. Zum Bruttogehalt zählen das Grundgehalt ebenso wie Zulagen, Sozialleistungen (z. B. Weihnachtsgeld, vermögenswirksame Leistungen) und variable leistungsabhängige Gehaltsbestandteile.

Im ersten Schritt werden vom Bruttogehalt Einkommensteuer laut Lohnsteuertabelle, Solidaritätszuschlag und gegebenenfalls Kirchensteuer abgezogen. Bei der Schätzung der Steuerbelastung werden Freibeträge und

Tabelle 17:

Beispiel einer Netto-Vergleichsrechnung zur Festlegung der Vergütung eines USA-Entsandten (unterstellt wird ein Wechselkurs von 1 : 1 zwischen US-Dollar und Euro)

Gehaltsbestandteile	USA
Bruttoinlandsgehalt in Deutschland	**60.000 €**
– Einkommensteuer/Solidaritätszuschlag/Kirchensteuer	13.900 €
– Sozialabgaben	12.750 €
– Wohnkosten (15 % von 1)	9.000 €
+ Kindergeld	1.850 €
= Verfügbares Nettoeinkommen in Deutschland	**26.200 €**
–/+ Kaufkraftausgleich (50 % von 6)	13.100 €
+ Auslandszulage (10 % der Differenz von 1 und 2)	4.610 €
+ Erschwerniszulage	0.000 €
+ Mietkosten	20.000 €
– Kindergeld	1.850 €
= Nettoanspruch in USA	**65.760 €**
= in Landeswährung	**65.760 $**
+ Sozialabgaben	15.000 $
+ Einkommensteuer in den USA (30 % auf Summe 12b – 13)	32.183 $
= Bruttovergütung in USA	**112.943 $**
= in Euro	**112.943 €**

andere steuermindernde Umstände pauschal oder individuell berücksichtigt. Des Weiteren wird das Bruttogehalt um den Arbeiternehmeranteil der Sozialabgaben sowie den Eigenanteil an den Wohnungskosten, der meist als Prozentsatz des Bruttogehaltes (hier 15 %) pauschal geschätzt wird, gekürzt. Anstelle der Schätzung der Wohnungskosten können aber auch die tatsächlich anfallenden Wohnungskosten in Abzug gebracht werden. Liegt – wie in unserem geschilderten Fall – ein Anspruch auf staatliches Kindergeld vor, ist dieser Betrag hinzuzufügen. Das Ergebnis der Berechnungen bildet das in Deutschland verfügbare Nettoeinkommen. Dieses ist im zweiten Schritt die Grundlage zur Ermittlung des *Kaufkraftausgleiches*, der in Form eines Abschlags oder Zuschlags Kaufkraftunterschiede zwischen Heimatland und Gastland ausgleichen soll. Er wird durch den Vergleich eines „Warenkorbs" typischer Güter und Dienstleistungen im Heimatland und Gastland ermittelt. Im Beispiel wird für die USA eine um 50 % niedrigere Kaufkraft unterstellt. Setzt man den Gesamtpreis des heimischen Warenkorbs gleich 100 so lässt sich die Kaufkraftdifferenz zum Gastland als Index auf der Basis 100 angeben. Für ausgewählte Städte zeigt die nachfolgende Tabelle ihre jeweiligen Kaufkraftindices.

Kaufkraftausgleich

65

Tabelle 18:
Internationaler Vergleich der Kaufkraft (Wirth, 2002)

Stadt	Index	Stadt	Index
Tokio	200	London	150
Moskau	190	Atlanta	140
New York	160	Paris	130
Singapur	160	Neu-Delhi	100
Shanghai	160	Johannesburg	80
Basis Nürnberg	100		

Der Wert 200 für Tokio bedeutet, dass man in dieser Stadt für den Warenkorb doppelt soviel ausgeben muss wie in dem Heimatland (Nürnberg). Die Preisvergleiche liefern hierfür spezialisierte Beratungsunternehmen, Banken und Behörden (Internet-Adressen siehe Anhang 7.2).

Auslandszulage Das um den Kaufkraftausgleich korrigierte Nettoeinkommen wird noch ergänzt um eine *Auslandszulage,* eine Erschwerniszulage sowie die Übernahme der Mietkosten. Die Auslandszulage wird entweder als Prozentsatz (zwischen 5 % und 15 %) des Heimatgehalts „nach Steuern" oder als Absolutbetrag festgelegt und soll als Anreiz dienen, eine Auslandstätigkeit zu übernehmen. Bei Einsätzen innerhalb Europas ist die Tendenz erkennbar, die Auslandszulage zu streichen, d. h. Europa als Inland zu betrachten.

Erschwernis-zulage Mit der *Erschwerniszulage* ist die Absicht verbunden, für besondere Belastungen der Auslandstätigkeit den Entsandten zumindest finanziell zu

Tabelle 19:
Erschwerniszulage für verschiedene Entsendungsziele (Wirth, 2002)

Länderbeispiele	Erschwerniszuschlag in % des Nettoeinkommens
EU-Länder, USA	0
Australien, Singapur, Hong Kong, Japan, Argentinien, Tschechien, Ungarn	10
Brasilien, Mexiko, Israel, Südafrika, Malaysia, Thailand, Korea, Philippinen	20
China (Peking, Shanghai), Indonesien, Kolumbien, Kenia	30
China (außer Peking, Shanghai), Russland, Indien, Pakistan, Vietnam, Nigeria	40

66

entschädigen. Als typische Erschwernisfaktoren gelten: Sicherheit, Klima, Gesundheitsversorgung, Freizeitangebot, Verkehrsverhältnisse, Sprachdifferenz, Umweltverschmutzung. In ihrer Gesamtheit bestimmen sie die Höhe der Erschwerniszulage, die bis zu 40 % des verfügbaren Nettoeinkommens in Deutschland betragen kann.

Bei der Festlegung von Erschwerniszulagen helfen Einstufungsvorschläge hierauf spezialisierter Beratungsunternehmen (Adressen siehe Anhang 7.4). Im Beispielfall – Entsendung in die USA – entfällt die Erschwerniszulage. Will der Arbeitgeber den Verlust des Kindergeldes im Ausland nicht ausgleichen, muss zur Bestimmung des Nettoanspruches im Gastland das im Heimatland fällige Kindergeld abgezogen werden.

Als Ergebnis der bisherigen Schritte der Nettovergleichsrechnung erhält man das zu beanspruchende Nettogehalt im Ausland, das in die Landeswährung umgerechnet wird. Im letzten Schritt werden die vom Mitarbeiter zu zahlenden Sozialabgaben und Einkommenssteuern hinzugerechnet. Bei den Sozialabgaben sind sowohl die Beiträge im Gastland als auch weiterlaufende Zahlungen an die Versicherungsträger im Heimatland zu berücksichtigen. Als Endergebnis erhält man die Bruttovergütung im Gastland, ausgedrückt in der Landeswährung oder zurückgerechnet in die Heimatwährung.

Sonderzahlungen

Im vorliegenden Berechnungsbeispiel liegt die Bruttovergütung laut Netto-Vergleichsrechnung über der Vergütung, die sich nach dem Heimatlandansatz errechnen würde. Orientiert sich die Vergütungspolitik am Heimatlandansatz, wird die Differenz für dieses Entsendungsland durch eine Sonderzahlung *(Expatriation Allowance)* ausgeglichen. Die (höheren) lokalen Bezüge im Gastland passen weiterhin zum Gehaltsgefüge am Heimatort.

Liegt das auf der Basis des Gastlandansatzes ermittelte Bruttogehalt des Entsandten niedriger als die Bruttovergütung laut Netto-Vergleichsrechnung, wird im Prinzip ähnlich vorgegangen: Die Lücke zwischen der Vergütung im Gastlandansatz und dem Vergütungsanspruch gemäß der Netto-Vergleichsrechnung wird durch eine Sonderzahlung geschlossen. Das Gehaltsgefüge am Entsendungsort bleibt hiervon unberührt. Angesichts des hohen Grades an landesspezifischem Spezialwissen bei der Festsetzung einer Auslandsvergütung lassen sich viele Firmen bei der Wahrnehmung dieser Aufgabe von externen Beratungsfirmen unterstützen.

Regelmäßige Überprüfung der Auslandsvergütung

Die Höhe der Auslandsvergütungen ist im Hinblick auf Kaufkraftverluste durch Inflation im Gastland und auf Wechselkursschwankungen zwischen Heimat- und Gastlandwährung in regelmäßigen Abständen zu überprüfen. Im Fall von Wechselkursschwankungen muss darauf geachtet werden, dass der entsandte Mitarbeiter bei Zahlungsverpflichtungen im Heimatland (Versicherungsbeiträge, Sparverträge) keine finanziellen Nachteile erleidet. Für den Anteil des Einkommens, der zur Erfüllung derartiger Verpflichtungen

67

in das Heimatland transferiert wird, sind bei gravierenden Wechselkursverlusten gegenüber der Heimatwährung Ausgleichszahlungen vorgesehen (vgl. im Detail Trautwein, 1999).

4.4.3 Qualifizierungsmaßnahmen

Eine dritte Komponente der Vorbereitung ist die fachliche, sprachliche und interkulturelle Qualifizierung des Entsendungskandidaten/(Ehe-)Partners. Da die Qualifizierungsmaßnahmen rechtzeitig vor Einsatzbeginn durchgeführt sein sollten, empfiehlt es sich, nicht erst nach Abschluss des Entsendungsvertrages, sondern bereits parallel zu den Vertragsverhandlungen mit der Planung zu beginnen.

Zunächst ist der Entwicklungsbedarf des Entsendungskandidaten/(Ehe-)Partners zu prüfen. Zur Bedarfsanalyse kann auf die Eignungslücken zurückgegriffen werden, die im Verlauf der Kandidatenauswahl identifiziert wurden. Der Bedarf an *fachlicher Qualifizierung* ergibt sich aus den typischen Entsendungsbedingungen. Den ausländischen Arbeitsplatz des Entsandten charakterisieren meist mehr Handlungsspielraum und höhere Führungsverantwortung gegenüber der ursprünglichen Heimatposition. Bei der Aufgabenbearbeitung ist der Mitarbeiter nicht selten auf sich allein gestellt. Eine Fachberatung ist nur eingeschränkt möglich. Für die fachliche Vorbereitung kommen alle Instrumente der betrieblichen Qualifizierung in Frage – von der Einweisung vor Ort bis hin zu Unternehmensplanspielen.

Bedarf an fachlicher Qualifizierung

Ein im Normalfall vernachlässigter Aspekt der fachlichen Weiterbildung ist die Frage, ob und unter welchen Bedingungen Methoden und Instrumente, die sich am heimischen Arbeitsplatz bewährt haben, auf den Entsendungsort transferierbar sind. Nach den Erkenntnissen der kulturvergleichenden Managementforschung erscheint die direkte Übertragbarkeit – insbesondere von Ansätzen der Mitarbeiterführung, der Personalarbeit oder des Marketing – mehr als zweifelhaft (Adler, 1997).

Transfer von Methoden und Instrumenten der Aufgabenbearbeitung ins Ausland

In vielen Ländern der Erde sind Kenntnisse der Landessprache oder zumindest einer Weltsprache wie Englisch oder Spanisch für einen erfolgreichen Auslandseinsatz unabdingbar. Kommunizieren nimmt mit bis zu 80 % einen herausragenden Platz im Zeitbudget gerade von Führungskräften ein. Für jeden Entsendungskandidaten ist somit zu prüfen, welches schriftliche/mündliche Ausdrucksniveau er zur Erfüllung der Fachaufgabe benötigt und mit welchen Schwierigkeitsgraden im Textverstehen zu rechnen ist. Zusätzlich zur Schulung in der landesüblichen Fachsprache ist auch ein Training in der Alltagssprache vorzusehen. Anzustreben ist ein Sprachunterricht, der aufgabenorientiert gestaltet ist, indem er in Inhalt und Ablauf für die tagtäglichen Aufgaben eines Entsandten am Arbeitsplatz und im Privatleben vorbereitet. Bei dieser Konzeption des Unterrichts wird der Lernstoff weniger nach linguistischen Einheiten (Wortschatz, Grammatik,

Bedarf an sprachlicher Vorbereitung

Integration von Arbeitswelt und Sprachunterricht

Sprechabsichten, Textformen usw.) aufgeteilt und dem Lernenden Stück für Stück präsentiert, sondern der Schwerpunkt des Unterrichts liegt bei der Einübung komplexerer Formen der Sprachhandlung. Wichtige Inhalte eines aufgabenorientierten Fremdsprachenunterrichts skizziert der nachfolgende Kasten.

Elemente eines aufgabenorientierten Fremdsprachenunterrichts

– Anfertigung von Protokollen,
– Auswertung schriftlich und mündlich dargebotener Informationen,
– Argumentation in Diskussionen,
– Entwerfen und Halten von Kurzvorträgen/Präsentationen,
– Interviews per Telefon,
– Abfassen von Geschäftsbriefen,
– Mitarbeitergespräche führen (zu den Themen: Kritik, Karriere, Konflikt, Einweisung …),
– Kundengespräche führen (zu den Themen: Verhandlung, Produktpräsentation, Mahnung, Akquisition, Nach-Kauf-Betreuung …),
– Beziehungen knüpfen.

Der Fremdsprachenunterricht ist nicht allein dem Entsendungskandidaten anzubieten, sondern auch den mitreisenden Familienmitgliedern. Letztgenannte sind im täglichen Umgang mit Vertretern der lokalen Bevölkerung (Hauspersonal, Verkäufer, Handwerker …) ebenso auf Verständigungsmöglichkeiten in der Landessprache angewiesen.

Den letzten Baustein zur Qualifizierung für den Auslandseinsatz bildet ein *interkulturelles Training*. Oberziel einer interkulturellen Vorbereitung ist, die Entsandten in die Lage zu versetzen, in kulturellen Überschneidungssituationen sich angesichts der Anders- und Fremdartigkeit der Partner nicht zurückzuziehen, sondern die gestellte Arbeitsaufgabe effektiv zu bearbeiten, hierbei die Grundannahmen, Wertvorstellungen und Normbindungen der anderskulturellen Partner angemessen zu berücksichtigen sowie sich hierbei selbst wohl zu fühlen. **Oberziel interkultureller Vorbereitung**

Paradoxerweise steht die Häufigkeit und die Breite, mit der interkulturelle Trainingsmaßnahmen in der Fachliteratur behandelt wurden, in einem umgekehrt proportionalen Verhältnis zu ihrer Verbreitung in der Unternehmenspraxis (Einfalt, 2000, Marx, 1996; Stahl, 1998). Begründet wird der weitgehende Verzicht auf eine interkulturelle Vorbereitung von Seiten der Personalverantwortlichen mit unterschiedlichen Argumenten: So ist die Annahme verbreitet, dass sich im Wirtschaftsleben eine weltweit gültige und einheitliche Geschäftskultur etabliert habe. Darüber hinaus werden Zweifel am Lernerfolg verschiedener Trainingsformen sowie an der Trans- **Gründe für die geringe Verbreitung interkultureller Vorbereitungsmaßnahmen** ferierbarkeit des Gelernten auf den ausländischen Arbeitsplatz angeführt. Schließlich behindert auch der knappe Zeitabstand zwischen Stellenvakanz und Besetzung einer Auslandsposition eine systematisch betriebene interkulturelle Vorbereitung. Die Verbreitung interkultureller Qualifizierungsmaßnahmen in der Personalpraxis bleibt auch deutlich hinter den Wünschen betroffener Mitarbeiter bzw. den Empfehlungen von Rückkehrern zurück (Einfalt, 2000; Stahl, 1998). Die Familie des Entsendungskandidaten ist bislang nur in Ausnahmefällen in die interkulturellen Vorbereitungen einbezogen (Stahl, 1998, S. 152).

Drei Einzelziele interkultureller Vorbereitung

Daher soll an dieser Stelle auf Ziele, Methoden und Resultate dieses Qualifizierungsbereichs ausführlicher eingegangen werden. Für die interkulturelle Vorbereitung sind drei Lernzielbereiche maßgeblich:

Kulturelle Sensibilisierung

1. Sensibilisierung für und Wissen über die Kulturabhängigkeit menschlichen Handelns: Unter dieser Ausrichtung lernen die Teilnehmer, wie allgegenwärtig Kultur den menschlichen Alltag prägt. Zudem wird Wissen über die Unterschiede und Gemeinsamkeiten von Heimat- und Gastkultur vermittelt. Hierbei sind Themen zu behandeln, wie:
   – Kulturkonzepte und -dimensionen,
   – historisch-gesellschaftliche Determinanten der Kulturentwicklung,
   – Bandbreite kulturtypischer Varianten des Wahrnehmens, Denkens, Fühlens und Verhaltens,
   – Gestaltungsspielräume in verschiedenen Situationen des beruflichen und privaten Alltags im Ausland,
   – Selbstverständnis wichtiger Partner in der Gastkultur.

Verstehen anderer Kulturen

2. Verstehen lernen der Besonderheiten einer Gastkultur: Auf dieser Qualifizierungsstufe erhält der Lernende Erklärungswerkzeuge oder Interpretationshilfen, die den Erfahrungen von Mehrdeutigkeit, Fremdartigkeit und Unvorhersehbarkeit Sinn verleihen und – zumindest auf gedanklicher Ebene – Situationskontrolle ermöglichen. Nicht zuletzt lernen die Teilnehmer, andere Kulturen in ihrer Andersartigkeit zu akzeptieren und sie nicht pauschal als „gut" oder „schlecht" zu bewerten. Wichtige Erklärungsinstrumente, die hierzu eingeführt werden, sind:
   – Normen und Rollen, die das Handeln insbesondere in Begegnungssituationen regulieren (z. B. Separierung von Arbeit und Freizeit; Mitarbeiterrolle),
   – zentrale Wertvorstellungen, die für eine Kultur kennzeichnend sind (z. B. Individualismus, Demokratie, Leistung),
   – Basisannahmen, die in einer Gesellschaft die interne Koordination der Aktivitäten sowie die Auseinandersetzung mit der externen Umwelt prämissenartig steuern (z. B. Wesen des Menschen; Verhältnis von Mensch und Umwelt; Kausalität),
   – das Wechselspiel situativer Anreize und persönlicher Motive bei der Genese bestimmter Handlungsweisen anderskultureller Partner.

3. Erwerb von Fertigkeiten zum Umgang mit anderskulturellen Partnern: Für dieses Lernziel ist das Einüben von abgegrenzten, situationsspezifisch zu nutzenden Verhaltensmustern (Skripts) kennzeichnend. Die zu erwerbenden Fertigkeiten konzentrieren sich auf die Bewältigung von Kommunikationssituationen.

Fertigkeiten im Umgang mit anderskulturellen Partnern

Verbreitete Lerninhalte sind:
- Umgang mit begrenzten sprachlichen Mitteln,
- angemessene Kombination sprachlicher und nicht-sprachlicher Ausdrucksmittel,
- Anknüpfen, Erhalten und Abbrechen sozialer Beziehungen,
- Behandeln von Konflikten,
- Suchen nach Informationen,
- Führen von Verhandlungen,
- Präsentation und Moderation.

Weiterhin lassen sich interkulturelle Trainingsmaßnahmen nach ihren Inhalten in kulturallgemeine und kulturspezifische Ansätze einteilen. *Kulturallgemeine Maßnahmen* wollen Kenntnisse, Einsichten und Fertigkeiten vermitteln, die in beliebigen Kulturen genutzt werden können. *Kulturspezifische Ansätze* dagegen zielen auf den Erwerb von Wissen, Verstehen und Verhaltensroutinen für eine vorab bestimmte Gastkultur. Die Tabelle 20 systematisiert verschiedene Instrumente der interkulturellen Vorbereitung nach den beiden eingeführten Klassifizierungsebenen von Zielsetzung und Kulturspezifität.

Kulturallgemeine vs. kulturspezifische Vorbereitungsmöglichkeiten

Die in Tabelle 20 vorgenommene Einordnung von Trainingsformen akzentuiert lediglich. Kulturspezifische Trainings enthalten meist auch kulturallgemeine Inhalte. Verfahren, die auf Verhaltensfertigkeiten ausgerichtet sind, vermitteln ebenfalls Faktenwissen oder fördern das Verständnis der Gastkultur durch Interpretationshilfen.

Den drei Lernzielen interkultureller Vorbereitung korrespondiert eine Rangordnung der Trainingsintensität. Den höchsten Grad an Vorbereitungsdauer, Trainerkompetenz und Engagement des Trainers verlangen Trainings, die auf den Erwerb von Fertigkeiten im Umgang mit den Vertretern der Gastlandkultur abzielen (Mendenhall & Oddou, 1986). Aufgabenerfolg, Wohlbefinden und Akzeptanz in der Gastkultur setzen voraus, dass der entsandte Mitarbeiter Lernfortschritte auf allen drei Zielebenen macht.

Erwerb von Fertigkeiten im Umgang mit anderskulturellen Partnern ist besonders trainingsintensiv

Die in Tabelle 20 nur ansatzweise aufscheinende Fülle von Methoden der interkulturellen Vorbereitung von Entsendungskandidaten stellt den Personalverantwortlichen vor die Frage, welche Methoden im Vorfeld eines spezifischen Auslandseinsatzes auszuwählen sind. Black und Mendenhall (1989) entwerfen eine normative Entscheidungslogik mit den jeweils zweistufigen Kriterien *(1) Neuheit der internationalen Aufgabenstellung, (2) Häufigkeit und Intensität von erwarteten Kontakten mit anderskulturellen Partnern* sowie *(3) Fremdartigkeit der Landeskultur der Interaktionspartner.*

Eine Entscheidungslogik zur Auswahl von Vorbereitungsmaßnahmen

Tabelle 20:

Klassifikation interkultureller Vorbereitung nach Trainingszielen und -methoden

Lernziel	Methode	
	Kulturallgemein	**Kulturspezifisch**
Kulturelle Sensibilisierung und Wissen um die Kulturabhängigkeit menschlichen Handelns	– Simulation des Lebens in einer fiktiven Kultur – Analyse von Gesprächsepisoden mit Sprechern aus unterschiedlichen Kulturen – Vortrag über interkulturelle Kommunikation	– Länderkundeseminar – Erfahrungsaustausch mit Auslandsrückkehrern – Kontrastive Kulturanalyse
Verstehen kultureller Differenzen	– Fallstudien zu allgemeinen interkulturellen Problemen – Kulturallgemeiner Kulturassimilator – Sensibilitätstraining mit Teilnehmern aus verschiedenen Kulturen	– Fallstudien zu landestypischen interkulturellen Problemen – Kulturspezifischer Kulturassimlator – Sensibilitätstraining mit Teilnehmern aus den Gastländern
Fertigkeiten im Umgang mit anderskulturellen Partnern	– Anti-Stress-Training – Aufgabenbewältigung in einer fiktiven Kultur – Kommunikationsworkshop mit Vertretern verschiedener Kulturen	– Rollenspiele mit Teilnehmern aus der Gastkultur – Verhaltensmodellierung (Vormachen-Üben-Korrigieren) – Kommunikationsworkshop mit Vertretern der Gastlandkultur

Eine kurzdauernde (maximal 20 Stunden), kulturallgemeine, auf die Wissensvermittlung beschränkte Vorbereitung ist angemessen, wenn der zu Trainierende eine *vertraute* Arbeitsaufgabe in *seltenen* Kontakten mit Partnern aus einer *ähnlichen* Landeskultur zu bewältigen hat. Eine zeitintensivere (60–180 Stunden) kulturspezifische Kombination wissens-, verstehens- und verhaltensorientierter Trainingsverfahren ist dann angezeigt, wenn *neuartige* Arbeitsaufgaben in *ständiger* Zusammenarbeit mit Partnern aus einer dem Mitarbeiter *fremden* Landeskultur zu bewältigen sind.

Entscheidungskriterium „Neuheit"

Die Anwendung des normativen Entscheidungsmodells wird erleichtert durch die Vorgabe von Checklisten, die helfen sollen, die drei genannten Entscheidungskriterien zu beurteilen. Die Checkliste zum Kriterium *Neuheit der Arbeitsaufgabe* enthält Fragen zum Vergleich von alter und neuer Position.

Je mehr Fragen mit „ja" beantwortet werden können, desto geringer fällt der Neuheitsgrad der Auslandspositionen aus. Sind die Anforderungen an

---
**Checkliste zum Kriterium „Neuheit der Arbeitsaufgabe"
(Black et al., 1999, S. 97)**

– Bleiben die Leistungsanforderungen gleich?
– Bleibt der Grad der persönlichen Mitarbeit in der Arbeitsgruppe/Abteilung gleich?
– Bleibt der Zuschnitt der Arbeitsaufgaben gleich?
– Sind die bürokratischen Regeln vergleichbar?
– Bleibt die Ressourcenausstattung gleich?
– Sind die gesetzlichen Beschränkungen ähnlich?
– Sind dem Entsendungskandidaten die technische Ausstattung und ihre Grenzen vertraut?
– Bleibt der Entscheidungsspielraum gleich?
– Bestehen ähnliche Wahlmöglichkeiten zur Delegation von Aufgaben?
– Ist der Spielraum für den Personaleinsatz vergleichbar?
---

die Tätigkeit unterschiedlich und die Einschränkungen des Handlungsspielraums größer als in der Heimatposition, so ist der Neuigkeitsgrad höher einzustufen.

Die *Häufigkeit und Intensität von Kontakten mit Vertretern der Gastlandkultur* bestimmt sich nach den Antworten zu dem im folgenden Kasten wiedergegebenen Fragenkatalog.

Entscheidungskriterium „Kontakte mit Gastland"

**Checkliste zum Kriterium „Kontakte mit Vertretern des
Gastlandes" (Black et al., 1999, S. 96)**

– Variieren die Regeln des Kommunizierens zwischen Heimatland und Gastland stark?
– Soll der Entsendungskandidat häufig mit den lokalen Mitarbeitern kommunizieren?
– Spricht der Entsendungskandidat die lokale Sprache? Sprechen die lokalen Mitarbeiter die Sprache des Entsandten? Falls nein, wie schwierig ist es, die Sprache des Gastlandes zu lernen?
– Wird die Form der Kommunikation mit Gastlandangehörigen vornehmlich in Gesprächen von Angesicht zu Angesicht bestehen oder in technisch vermittelter Nachrichtenübertragung (Emails, Memoranden)?
– Wie lange wird der Entsandte am ausländischen Arbeitsplatz tätig sein?
– Wird der Umgangston zwischen Entsandten und Gastlandangehörigen eher formell – autoritär ausfallen oder eher informell – freundschaftlich?

Besonders intensive Trainingsmaßnahmen, sind dann erforderlich, wenn vom Entsandten über längere Zeit und häufig eine zweiseitige Kommunikation von Angesicht zu Angesicht auf informell-freundschaftlichem Niveau in einer Fremdsprache gefordert ist.

Entscheidungskriterium „kulturelle Distanz"

Die *Fremdartigkeit der Gastlandkultur* oder kulturelle Distanz wird nach (a) der Schwierigkeit der Anpassung an die fremde Kultur und (b) der bisherigen Auslandserfahrung des Entsendungskandidaten im Gastland beurteilt. Bei der Einschätzung der Anpassungsschwierigkeiten hilft – zumindest US-Amerikanern – eine Rangordnung von Regionen (vgl. Tabelle 21). Danach fällt es US-Amerikanern am schwersten, sich in afrikanischen Ländern einzuarbeiten und einzuleben.

Tabelle 21:
Rangordnung von Weltregionen nach der kulturellen Distanz zu den USA
(Black et al. 1999, S. 94)

Rang	Region
1.	Afrika
2.	Mittlerer Osten
3.	Ferner Osten
4.	Südamerika
5.	Osteuropa/Russland
6.	Westeuropa/Skandinavien
7.	Australien/Neuseeland

Man kann unterstellen, dass die Rangplätze 1 bis 4 sich in einer Rangordnung für die Anpassungsschwierigkeiten deutscher Entsandter nicht verändern dürften.

Die Fremdartigkeit der Gastlandkultur verringert sich, wenn der Entsendungskandidat schon vorher im Gastland für einige Zeit gelebt und gearbeitet hat und hierbei häufige und intensive Kontakte mit Gastlandangehörigen gepflegt hat. Zur Bewährung der aus diesem und verwandten Kontingenzmodellen (z. B. Tung, 1988) ableitbaren Gestaltungsempfehlungen liegen bisher keine empirischen Daten vor.

Beispiel eines Vorbereitungsprogramms

Wie eine interkulturelle Vorbereitungsmaßnahme aufzubauen ist, zeigt exemplarisch das Programm eines Vorbereitungsseminars für die USA. Diese Veranstaltung besteht aus einem Instrumenten-Mix, der Lernziele auf allen drei Ebenen – kulturelle Sensibilisierung und Wissen; Verstehen; Verhalten – verfolgt. Angesprochen werden sowohl kulturallgemeine wie kulturspezifische Themen.

Ein Vorbereitungsprogramm für Entsendungen in die USA (Institut für Interkulturelles Management, Trainingsunterlagen)

1. Tag: Kulturelle Unterschiede und Kommunikation

– *Seminareröffnung: Teilnehmer und Programm*
– *Deutsche Kultur – Amerikanische Kultur?*
  Der Umgang mit Kulturunterschieden – die Arbeitsweise im Seminar
– *Der erste Eindruck ...*
  Private Kontakte aufbauen Nachbarschaft, Bekanntschaft, Freundschaft – Rollenspiel
– *Small-talk und informelle Kommunikation*
  Amerikanischer Kommunikationsstil
– *Arbeitsbeziehungen aufbauen*
  Erwartungen zu Beginn der Kooperation – Rollenspiel

2. Tag: Leadership und Teamwork

– *Als Vorgesetzter in den USA*
  Fallstudie zu den unterschiedlichen Erwartungen an Führungskräfte
– *Führungskonzepte annähern*
  Rollenspiel auf der Basis der Fallstudie
– *„Leadership"*
  Systematisierung der Ergebnisse
– *Feed-back: Lob und Kritik – amerikanische Mitarbeiter motivieren*
  Mitarbeitergespräch im Rollenspiel
– *Konkurrenz und Kooperation Amerikanisches Teamverständnis*

3. Tag: Präsentation und Verhandlungsführung

– *„Getting the message across"*
  Wie Amerikaner Sachthemen präsentieren
– *Verhandlungsführung (1): Strategieentwicklung*
  Vorbereitung der komplexen Verhandlungsübung
– *Verhandlungsführung (2): Umsetzung*
  Die Verhandlung im Rollenspiel mit dem amerikanischen Trainer
– *Diskriminierungsverbot und „Sexual Harassment"*
  Wie Amerikaner eine „frauenfeindliche Arbeitsumgebung" verhindern
– *Als Mitausgereiste in den USA*
  Die Neuorientierung des Alltags

4. Tag: Krisen- und Konfliktmanagement

- *Interessenswiderspruch und Konflikt*
  Einführung
- *Konfliktlösung*
  Rollenspiele aus dem privaten und Geschäftsleben
- *Amerikanische Partner verstehen: Fallstudienarbeit*
  parallel: Informationsrunde für Mitausreisende: „Alltagsfragen"
- *Projektplanung und Projektmanagement in den USA*
  Unterschiede und Synergiepotenziale
- *Zusammenfassung: Kulturstandards als Orientierungssystem*
  Hofstedes Dimensionen und unsere Seminarergebnisse

5. Tag: Partnerschaft im Gastland

- *„Mitgegangen – Mitgefangen?"*
  Fallstudie zur Beziehungsdynamik beim Auslandsaufenthalt
- *„Kulturschock": Wie er entsteht und wie man ihn überwindet*
  Vortrag und Diskussion
- *Seminarauswertung*

Mittlerweile liegen mehrere Sammlungen einschlägiger Übungen vor, die im Rahmen einer interkulturellen Vorbereitung eingesetzt werden können und sich auf die Förderung verschiedener Komponenten interkultureller Kompetenz richten (Cushner & Brislin, 1997; Kohls & Knight, 2001).

Kultur-Assimilator

Eine Übungsform, die auf das empathische Verstehen einer anderen Kultur mit ihren spezifischen Annahmen, Normen und Werten abzielt, ist der *Kultur-Assimilator*. Dieses Instrument präsentiert dem Lernenden schriftliche Kurzdarstellungen von Begegnungen eines Heimatlandangehörigen mit Vertretern der Gastlandkultur, in deren Verlauf es zu Unklarheiten, Missverständnissen oder Konflikten kommt. Eine kritische Episode aus einem Kultur-Assimilator für die USA (Langeloh, Stahl & Kühlmann, 1999) zeigt der nachfolgende Kasten.

Bearbeitung der Übungen im Kultur-Assimilator

Die Aufgabe für den Lerner besteht darin, die „beste" Begründung für das Handeln der Gastlandangehörigen anhand von vier alternativen Erklärungsmöglichkeiten auszuwählen. Hat der Lernende die Wahl getroffen, erhält er nachfolgend Erläuterungen darüber, ob und warum die gewählte Begründung aus der Perspektive der Gastlandkultur zutreffend ist oder nicht. Hat der Lernende eine unzutreffende Begründung gewählt, muss er nach der Kommentierung seiner Antwort eine bessere Alternative suchen, bis er schließlich die passende Begründung findet und zur nächsten Begegnungssituation weitergeleitet wird.

Lange Arbeitszeiten

Alexandra Hagemann ist seit kurzem bei einer großen Anwaltskanzlei in Boston tätig. In den ersten Wochen ist ihr aufgefallen, dass viele ihrer amerikanischen Kollegen abends sehr lange in der Firma bleiben. Nicht selten kommt es vor, dass man sich einige Sandwiches zum Abendessen bringen lässt, weil man bis spät in die Abendstunden hinein beschäftigt ist.

Aus eigener Erfahrung weiß sie, dass die anfallenden Aufgaben wohl auch in kürzerer Zeit erledigt werden könnten. Sie versteht nicht, warum die Mitarbeiter ihre Arbeit tagsüber nicht schneller erledigen, um dafür abends früher nach Hause gehen zu können.

Was, meinen Sie, ist der Grund für das Verhalten der amerikanischen Mitarbeiter?

Antwortmöglichkeiten:
1. In den USA ist es wichtig, sehr beschäftigt und arbeitsam zu wirken.
2. Durch ihr starkes Engagement erhoffen sich die Mitarbeiter einen Karrieresprung oder eine Gehaltserhöhung.
3. Im Gegensatz zu Deutschland stellt Arbeit einen zentralen Lebensinhalt dar: Viele Mitarbeiter halten sich gerne bis in die Abendstunden hinein in der Firma auf.
4. Feste Arbeitszeiten haben in den USA keine so große Bedeutung. Wenn Arbeit liegengeblieben ist, wird es als selbstverständlich angesehen, abends länger zu bleiben.

In seinem Bemühen, die Vertreter der Gastlandkulturen zu verstehen, wird der Lernende durch ausführliche Informationen zu den kulturellen Besonderheiten, die in den Fallschilderungen zum Ausdruck kommen, unterstützt. Zum Abschluss jedes nach Kulturmerkmalen (z. B. Individualismus, Wettbewerbsdenken) gegliederten Trainingsabschnittes erhält der Bearbeiter jeweils eine zusammenfassende Darstellung des behandelten Kulturmerkmals, seines sozialgeschichtlichen Hintergrunds sowie seiner Auswirkungen im Alltag. Kritisch wird gegenüber dieser Übungsform eingewendet, dass sie stereotypen Vorstellungen über *die* Gastlandbewohner Vorschub leistet und die Situationsspezifizität bzw. fragliche Übertragbarkeit des Handelns auf andere Partner im Gastland vernachlässigt. Dem Vorwurf, mit einem Kultur-Assimilator der stereotypen Vorstellung zu *den* Gastlandangehörigen oder *der* Gastlandkultur Vorschub zu leisten, kann man begegnen. Im Kultur-Assimilator USA wurde der Weg gewählt, Fälle zu integrieren, bei denen sich der amerikanische Partner ganz und gar nicht so verhält, wie man es von einem *typischen* Amerikaner erwarten würde. Auf diese Weise lernt der Bearbeiter, Widersprüchlichkeiten einer Landeskultur zu akzeptieren und Pauschalaussagen über *die* USA oder *die* USA-Amerikaner zu relativieren. Als zentraler Vorteil der Übungsform Kultur-Assimilator gilt, dass sie nicht bei der Beschreibung der Andersartigkeit der Gastlandkultur verharrt, sondern auch Erklärungen hierfür vermittelt. Verschiedene Studien zu den Wirkungen von Kultur-Assimilatoren belegen konsistent, dass Trainingsteilnehmer besser in der Lage sind als Nicht-Teilnehmer, das Verhalten anderskultureller Partner aus dem Blickwinkel der anderen Kultur zu interpretieren (Landis, Brislin & Hulgus, 1985).

Weiterentwick-
lung des Kultur-
Assimilator Im Mittelpunkt eines Kultur-Assimilators steht das Verstehenlernen problemhaltiger, komplexer und authentischer kultureller Begegnungssituationen. Eine differenzierte Interpretation des Problemgehalts der Situation aus der Sicht der beteiligten Interaktionspartner/Kulturen allein garantiert noch nicht deren Umsetzung in eine erfolgversprechende und kulturangemessene Handlung. Um die häufig belegte Kluft zwischen „trägem" Wissen und Verstehen einerseits und Handeln andererseits zu schließen, bietet sich an, den Lernprozess in Richtung auf die Handlungsebene auszubauen. Auf der Grundlage der multiperspektivischen Analyse einer kritischen kulturellen Begegnungssituation (= Kultur-Assimilatortraining im engeren Sinne) sind weitere Lernschritte erforderlich (vgl. ähnlich Kammhuber, 2000, S. 91 ff.):

1. Sammlung von Handlungsmöglichkeiten für die analysierte Problemsituation,
2. Prognose und Bewertung der Handlungsfolgen einzelner Handlungsalternativen der Interaktionspartner und Entscheidung für eine Vorgehensweise,
3. Umsetzung der gewählten Handlungsmöglichkeit im Rollenspiel,
4. Evaluation der Handlungskonsequenzen und -schwierigkeiten, die im Rollenspiel beobachtet werden.

Die Umsetzung der Lernschritte (1) bis (4) setzt – im Gegensatz zu der vorweggehenden Auseinandersetzung mit dem präsentierten Interaktionsgeschehen, die auch in Einzelarbeit durchgeführt werden kann – eine Gruppe als Lernumgebung voraus. Die Gruppenarbeit erhöht die Bandbreite identifizierter Handlungssituationen, Prognosen und Bewertungskriterien, fördert eine differenzierte Reflexion über die Angebote sowie Grenzen des Handlungsfeldes und schafft Übungsmöglichkeiten im Rollenspiel.

Fragliche Über-
tragbarkeit von
Vorbereitungs-
maßnahmen
auf Teilnehmer
aus anderen
Kulturen Der Einsatz dieses und anderer Entwicklungsmaßnahmen bedarf allerdings der vorherigen Prüfung, ob sie der kulturellen Herkunft der Entsendungskandidaten angemessen sind (Kirkbride, Durcan & Tang, 1990; Rigby, 1987). Zahlreiche Techniken der interkulturellen Vorbereitung setzen Werthaltungen

wie Offenheit, Konfrontation, Gleichberechtigung oder Individualismus voraus, die charakteristisch für westliche Industrieländer sind und von Vertretern anderer Kulturen so nicht geteilt werden. Teilnehmer aus Ländern mit hoher Machtdistanz werden beispielsweise nur zögernd der Aufforderung nachkommen, Verhaltensweisen ihres Vorgesetzten offen zu kritisieren, und Konfrontationen mit älteren Kollegen in der Gruppe ausweichen. Unstrukturierte Aufgabensituationen (z. B. Brainstorming) verursachen bei Vertretern von Kulturen mit hoher Unsicherheitsvermeidung Ängste und Widerstände.

Ist das interkulturelle Vorbereitungsprogramm mit seinen Zielen, Inhalten und Methoden in Umrissen festgelegt, stellt sich die Frage, ob die Vorbereitung von unternehmensinternen oder von externen Trainern durchgeführt werden soll. Eine generelle Empfehlung zur Entscheidung zwischen internen oder externen Anbietern gibt es nicht. Jede Alternative ist mit besonderen Vorteilen verknüpft. Die Tabelle 22 stellt die möglichen Argumente für eine interne und eine externe interkulturelle Vorbereitung gegenüber.

Tabelle 22:

Nutzen einer internen vs. externen interkulturellen Vorbereitung

Interne interkulturelle Vorbereitung	Externe interkulturelle Vorbereitung
– Maßgeschneiderter Vorbereitungsansatz – Weiterqualifizierung der internen Trainer – offener Umgang mit Unternehmensinterna – Sensibilisierung für Anforderungen eines internationalen Personaleinsatzes – gezielte Vorbereitung des Lerntransfers – Aufschluss über Mitarbeiterpotenziale – Kostenvorteile bei hohen Teilnehmerzahlen	– ständige Aktualisierung von Methoden und Inhalten – breite Auswahl zwischen verschiedenen Anbietern – rasche Realisierung, weniger Organisationsaufwand – überbetrieblicher Erfahrungsaustausch – erfahrene Trainer – Durchführung je nach Bedarf – weniger gehemmtes Teilnehmerverhalten

In der internationalen Personalpraxis deutet sich eine Art Arbeitsteilung an. Während man kulturallgemeine Vorbereitungsmaßnahmen – zumindest in Großunternehmen – intern durchführt, werden für kulturspezifische Programme externe Anbieter beauftragt. Ausschlaggebend für die Auslagerung ist die Zahl von Kandidaten, die pro Zeitabschnitt für ein bestimmtes Zielland vorbereitet werden sollen, das erforderliche Spezialwissen zu einem Land sowie die rasche Verfügbarkeit eines Trainingsangebots.

Das Angebot an Veranstaltungen zur interkulturellen Vorbereitung nimmt ständig zu. Professionalisierungsgrad, Lehrinhalte, Selbstverständnis und Methoden variieren beträchtlich von Anbieter zu Anbieter. Um sich einen Überblick auf diesem zunehmend intransparenten Markt zu verschaffen, kann die in der Umschlaginnenseite befindliche Checkliste zur Auswahl von interkulturellen Vorbereitungsangeboten helfen. Sie formuliert Minimalkriterien an das Angebot eines externen Veranstalters interkultureller Vorbereitung. Die Checkliste zeigt auch, wie schwierig es ist, für ein „gutes" Vorbereitungskonzept empirisch prüfbare Indikatoren zu finden. Ergänzend sind Referenzen aus anderen Unternehmen, die bereits an interkulturellen Vorbereitungsmaßnahmen des fraglichen Anbieters teilgenommen haben, einzuholen.

Erfolgskontrolle interkultureller Vorbereitung

Die *Erfolgskontrolle* von interkulturellen Vorbereitungsmaßnahmen hat – ebenso wie die Evaluation von Personalentwicklung allgemein – in der Praxis Ausnahmecharakter. Die Gründe für den weitgehenden Verzicht auf Erfolgskontrolle sind vielfältig. Zum einen zweifeln viele Personalverantwortliche an dem Anspruch, den Kompetenzzuwachs messbar zu machen und ausschließlich als Ergebnis einer Fortbildungsmaßnahme nachweisen zu können. Handelt es sich um interne Vorbereitungsprogramme, ist die Bereitschaft, die eigene pädagogische Tätigkeit auf den Prüfstand zu stellen, ebenfalls gering. Schließlich behindert die zunehmende Kostenorientierung in der Personalarbeit und die Forderung, den Beitrag zum Unternehmenserfolg deutlich zu machen, eine Beschäftigung mit der – scheinbar unproduktiven – Evaluation.

Wissenschaftler haben dagegen die Wirksamkeit interkultureller Vorbereitung bereits mehrfach zum Gegenstand von zusammenfassenden Analysen gemacht (Black & Mendenhall, 1990; Deshpande & Viswesvaran, 1992; Kealey & Protheroe, 1996). Diesen Arbeiten ist zu entnehmen, dass die Effektivität interkultureller Vorbereitung am besten für die Ebene des Wissens über die andere Kultur belegt ist und am wenigsten für die Ebene des Handelns in kulturellen Überschneidungssituationen des *Arbeits*alltags. Zugleich verweisen die Überblicksarbeiten auf eine Reihe von methodischen Schwachpunkten im Unternehmungsdesign der Evaluationsstudien: Fehlende Kontrollgruppen, nicht-zufällige Zuweisung von Teilnehmern zu Trainings- und Kontrollgruppen, Beschränkung auf einzelne, leicht erhebbare Erfolgskriterien und fehlende Erfassung des Transfers von Lernerfolgen auf die Arbeitssituation im Ausland.

Funktionen der Erfolgskontrolle

Angesichts der Unsicherheit im Hinblick auf die Wirkungen über interkulturelle Vorbereitung ist es vernünftig, die Vorbereitungspraxis regelmäßig auf ihren Erfolg hin zu überprüfen. Erfolgskontrollen helfen im einzelnen …
– den Mitteleinsatz im Nachhinein zu legitimieren,
– Entscheidungen für oder gegen eine Weiterführung zu begründen,
– Programmbestandteile (Inhalte, Instrumente, Trainer …) im Hinblick auf die Lernziele zu optimieren,
– zusätzliche Vorbereitungsaktivitäten einfacher durchzusetzen.

Instrumente der Erfolgskontrolle

Im Folgenden sollen drei Vorgehensweisen dargestellt werden, die im Unternehmenskontext zu einer Erfolgskontrolle beitragen. Der praktikabelste,

80

aber zugleich angreifbarste Ansatz besteht darin, über Befragungen der Teilnehmer während der Vorbereitungsmaßnahme oder unmittelbar im Anschluss daran die einzelnen Bausteine des Programms sowie den subjektiv wahrgenommenen Lernerfolg bewerten zu lassen. Derartig gewonnene Aussagen sind stark von der Güte der Selbsteinschätzung und der Beziehungsqualität zwischen Trainer und Trainiertem beeinflusst. So kann etwa die Popularität des Weiterbildners das Urteil zu seiner fachlichen und didaktischen Kompetenz überstrahlen.

Befragung der Teilnehmer

Beurteilungsbogen für ein interkulturelles Vorbereitungsseminar
Fragebogen zur Veranstaltungsbeurteilung
(1 = eindeutig richtig; 5 = eindeutig falsch)

	Bewertung				
	1	2	3	4	5
Der Dozent erklärte die Lernziele der Veranstaltung.	☐	☐	☐	☐	☐
Die Vermittlung des Stoffs erfolgte nach klarer Gliederung.	☐	☐	☐	☐	☐
Es wurde ermutigt, intensiv an Diskussionen während der Veranstaltung teilzunehmen.	☐	☐	☐	☐	☐
Der Dozent beantwortete Fragen der Teilnehmer zum Auslandseinsatz.	☐	☐	☐	☐	☐
Mir wurde ein gutes Verständnis für die Theorien und Konzepte der Zusammenarbeit mit ausländischen Partnern vermittelt.	☐	☐	☐	☐	☐
Schwierige Sachverhalte wurden durch Beispiele verdeutlicht.	☐	☐	☐	☐	☐
Der Bezug zur Situation am Entsendungsort wurde herausgearbeitet.	☐	☐	☐	☐	☐
Der Dozent vermied unnötige Fachausdrücke.	☐	☐	☐	☐	☐
Für das Üben des Gelernten stand ausreichend Zeit zur Verfügung.	☐	☐	☐	☐	☐
Die Teilnehmer konnten auf Ablauf des Programms Einfluss nehmen.	☐	☐	☐	☐	☐

Ein zweiter Weg zur Erfolgskontrolle sieht vor, den Erfolg der Teilnehmer im Hinblick auf die Lernziele der Vorbereitungsmaßnahme zu messen. Hierzu bieten sich Wissenstests, das Analysieren von Fallstudien

Tests

oder Rollenspiele an, die jeweils in einer Version *vor* der Vorbereitungsmaßnahme und in einer Parallelversion *nach* der Maßnahme durchgeführt werden. In diesem Zusammenhang können auch interkulturelle Assessment Center (vgl. Abschnitt 4.3.2) für eine Vorher-Nachher-Messung genutzt werden.

Beobachtung des Lerntransfers auf den Arbeitsalltag des Entsandten

Zentral aber ist die Frage, ob das Gelernte auch am ausländischen Arbeitsplatz im Umgang mit Lieferanten, Kunden, Mitarbeitern, Vorgesetzten usw. umgesetzt wird. Evaluationen auf der Ebene des Transfers des Gelernten können sich auf Beobachtungen des Entsandten, Leistungsbeurteilungen, Erfahrungsberichte des Entsandten und/oder seiner ausländischen Partner stützen. Die Ansatzpunkte, um Transferbarrieren abzubauen, sind

Unterstützung des Lerntransfers

vielfältig und lassen sich nach dem zeitlichen Bezug der Vorbereitungsmaßnahme sowie der Verantwortung für ihre Umsetzung klassifizieren (vgl. Tabelle 23). In der Nutzung dieser Transferstrategien unterscheiden sich die verbreiteten Vorbereitungprogramme erheblich. Insbesondere Strategien der Transfersicherung *nach* der Durchführung des interkulturellen Vorbereitungsprogramms bleiben die Ausnahme, da sich der Entsandte mit der Entsendung quasi dem Einflussbereich der Weiterbilder „entzieht".

Tabelle 23:

Sicherung des Lerntransfers interkultureller Vorbereitungsmaßnahmen

	Trainee	Trainer
vor dem Training	– Literatur zum Entsendungsort lesen – mit Vorgesetztem Maßnahmen zur Transferunterstützung besprechen – persönliche Lernziele formulieren	– Informationen zum Entsendungsort sammeln – Entwicklungsbedarf analysieren – Trainingsinhalte an die Besonderheiten des Auslandseinsatz anpassen
während des Trainings	– nach Anwendungsmöglichkeiten des Gelernten fragen – erarbeitete Transfermöglichkeiten notieren – Pläne zur Anwendung des Gelernten formulieren	– Übertragbarkeit des Gelernten diskutieren – mehrere Formen des Umgangs mit Interkulturalität anbieten – realitätsnahe Aufgaben simulieren
nach dem Training	– Anwendungserfahrungen mit anderen Teilnehmern austauschen – Transferbemühungen und ihre Ergebnisse dokumentieren	– für Rückfragen der Teilnehmer beratend zur Verfügung stehen – Inhalte durch Follow-up-Seminare auffrischen – Erfahrungsaustausch der ehemaligen Teilnehmer fördern

4.5   Betreuung während des internationalen Einsatzes

Mit der Ankunft am ausländischen Einsatzort beginnt für den Entsandten und seine Familie der „Ernstfall", auf dessen Bewältigung die Vorbereitungsphase abzielte. Selbst aufwändige sprachliche, fachliche und interkulturelle Qualifizierungsmaßnahmen vor der Ausreise können nicht alle Eventualitäten im neuen Arbeits- und Lebensfeld des Entsandten vorausschauend behandeln. Situationen, in denen der Entsandte sich fachlich überfordert sieht, seine ausländischen Gesprächspartner nicht versteht, konfligierende Erwartungen an seine Arbeitstätigkeit wahrnimmt, von dem Handeln der lokalen Mitarbeiter überrascht wird oder ratlos die Suche nach erfolgswirksamen Handlungsweisen abbricht, kann eine gute Vorbereitung zwar in ihrer Auftretenshäufigkeit verringern, aber nicht ganz ausschließen. Nach einer Umfrage von Tung (1998) benötigen die meisten Entsandten und ihre Partner bis zu 12 Monaten, um sich an die neue Arbeits- und Lebenssituation im Ausland anzupassen.

In dieser kritischen Zeitspanne sind Arbeitsleistung und Wohlbefinden des Entsandten (einschließlich seiner Familie) beeinträchtigt. Dementsprechend werden dem Entsandten nach seiner Ausreise verschiedene Betreuungsmaßnahmen angeboten, die (1) ein hohes Leistungsniveau bei der Aufgabenbearbeitung sicherstellen und (2) die Eingewöhnung im Ausland beschleunigen sollen. Im weiteren Verlauf des Auslandseinsatzes treten Maßnahmen hinzu, die (3) darauf abzielen, den Entsandten weiterhin an den entsendenden Unternehmensteil zu „binden" und den Wunsch zu stärken, dorthin zurückzukehren (vgl. Abbildung 18). Zusammenfassend: Die Betreuung während der Auslandsentsendung muß eine Balance finden zwischen der Integration des Entsandten am Einsatzort und dem Erhalt der Loyalität gegenüber dem heimischen Unternehmensbereich.

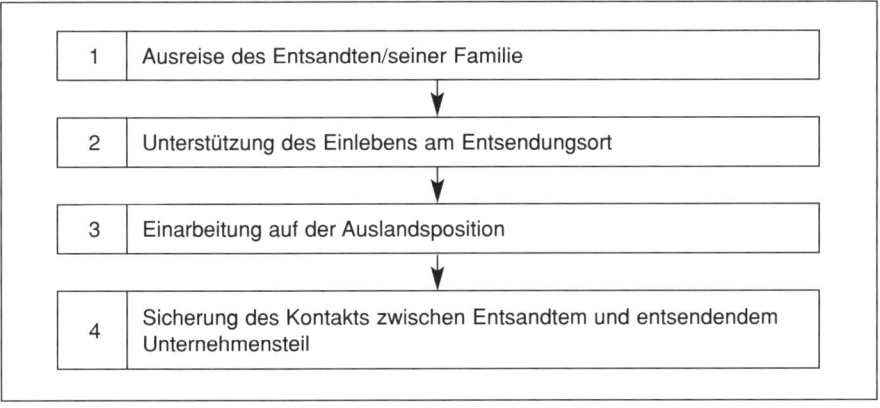

Abbildung 18:
Aufgaben in der Betreuung entsandter Mitarbeiter während ihres Auslandsaufenthalts

Eine Entsand-
tentypologie auf
der Basis von
Interessen- und
Loyalitäts-
konflikten

Mit Blick auf das Spannungsverhältnis zwischen lokalen Anpassungsforderungen und weiterbestehenden Erwartungen des entsendenden Unternehmensteils, zwischen neuen und alten Bindungen haben Gregersen und Black
(1992) eine Typologie entworfen, die verbreitete Antworten von Entsandten
auf die mit dem Auslandseinsatz verknüpften Interessen- und Loyalitäts-
konflikte abbildet (vgl. Tabelle 24).

Tabelle 24:
Eine Typologie von Entsandten auf der Basis von Loyalitäten
(adaptiert nach Black et al., 1999, S. 131)

		Verpflichtung gegenüber dem entsendenden Unternehmensbereich	
		niedrig	hoch
Verpflichtung gegenüber dem aufnehmenden Unternehmensbereich	niedrig	Opportunist („free agent")	Statthalter („heart at home")
	hoch	Eingebürgerter („go native")	Doppel-Loyalist („dual citizen")

Sie unterscheidet Auslandsentsandte nach dem Ausmaß der erlebten Verpflichtung gegenüber dem entsendenden bzw. dem aufnehmenden Unternehmensbereich.

Zielvorstellung für die genannten Bündel von Betreuungsmaßnahmen ist
der *Doppel-Loyalist,* der „Diener zweier Herren". Er passt sich gut an die
vorgefundenen Bedingungen am ausländischen Arbeitsplatz an und berücksichtigt gleichermaßen die Interessen des ausländischen wie des inländischen Unternehmensteils. Einerseits setzt er Entscheidungen aus dem
entsendenden Unternehmensteil im Ausland um, andererseits engagiert er
sich auch für die Ziele des ausländischen Unternehmensteils.

Nicht ausreichende Betreuungsaktivitäten fördern die Verwandlung des Entsandten in einen *Opportunisten.* Angesichts des offensichtlichen Desinte-
resses des Arbeitgebers, seine Integration im Gastland zu fördern oder den
Kontakt zu ihm aufrechtzuerhalten, orientiert er sein Handeln ausschließlich
an seinem Eigeninteresse (z. B. Karriere). Sobald sich eine günstige Gelegenheit bietet, verlässt er das Unternehmen. Dieser Entsandtentyp bildet mit
ca. 40 % in der Untersuchung von Gregersen und Black (1992) die größte
Entsandtengruppe.

Dominieren in der Betreuung die Maßnahmen, die das Einarbeiten und Einleben erleichtern sollen, begünstigt dies eine rasche Anpassung und die
einseitige Verpflichtung gegenüber den lokalen Interessen. Entsandte des
Typus *Eingebürgerter* bleiben nach Auslauf des Entsendungsvertrags meist
im Gastland.

84

Der Typus des Entsandten als *Statthalter* schließlich wird wahrscheinlich, wenn die Integration im Gastland bei der Betreuung vernachlässigt wird, zugleich aber die Bindung an den entsendenden Unternehmensteil gepflegt wird. Es fällt diesem Entsandtentyp schwer, sich an die neuen Arbeits- und Lebensbedingungen zu gewöhnen. Sein Denken kreist um die Wiederaufnahme der Tätigkeit im Heimatland. Um hierfür gute Voraussetzungen zu schaffen, setzt er Entscheidungen aus dem entsendenden Unternehmensbereich ohne Rücksicht auf lokale Interessen um.

„Statthalter"

4.5.1 Einarbeitung auf der Auslandsposition

Mit der Einarbeitung am Entsendungsort werden die Vorbereitungsmaßnahmen vor der Ausreise weitergeführt. Wichtige Maßnahmen in diesem Zusammenhang illustriert der folgende Kasten.

Einarbeitung am neuen Arbeitsplatz im Ausland

- Einweisung in den Tätigkeitsbereich,
- Besuch verschiedener Abteilungen der Auslandsgesellschaft,
- Hospitieren bei Verhandlungen, Besprechungen, Präsentationen,
- Fortführung des Sprachunterrichts und der interkulturellen Weiterbildung,
- Besuch von Fachseminaren im Heimat- oder Gastland,
- Leistungsfeedback,
- Benennung eines Gastlandangehörigen *(Paten)* als Ansprechpartner bei Arbeitsproblemen.

Da den Entsandten am neuen Arbeitsort meist eine Fülle von Arbeitsaufgaben erwarten, die nicht aufschiebbar sind, empfiehlt es sich, die Maßnahmen der Einarbeitung nicht im Seminarformat durchzuführen, sondern auf das Instrument des *Coaching* zurückzugreifen (Mendenhall & Stahl, 2000). Beim Coaching handelt es sich um einen den Arbeitsalltag begleitenden Beratungsprozess, in dessen Verlauf ein Experte einzelnen Ratsuchenden beim Erwerb von Kompetenzen unterstützt, die den Berufserfolg sichern bzw. steigern sollen (vgl. Rauen, 2003). Im Coaching kann auf spezifische Problembereiche des Entsandten gezielt eingegangen werden, ohne dass es im täglichen Arbeitsablauf des Entsandten zu längeren Unterbrechungen kommt. Der Entsandte kann flexibel bestimmen, wann und zu welchen kritischen Situationen Coaching genutzt wird.

Coaching

Eine Schlüsselrolle in der Einarbeitung spielt das *Leistungsfeedback* an den Entsandten. Es orientiert den Entsandten über den bisherigen Lernweg, zeigt Nachholbedarf auf und motiviert zur Weiterführung der Einarbeitung. Das Leistungsfeedback erfolgt typischerweise im Rahmen der Mit-

Leistungs-feedback

arbeiterbeurteilung. Damit ein Mitarbeiterbeurteilungssystem den Entwicklungsprozess des Entsandten fördern kann, muss bei seiner Konzeption eine Reihe von Besonderheiten der Arbeit im Ausland beachtet werden. Diese Modifikationen erfolgen in der Praxis nur selten. Daher werden im Folgenden zentrale Forderungen an ein Beurteilungssystem für Entsandte diskutiert (vgl. Gregersen, Black & Hite, 1995):

Besonderheiten einer Leistungsbeurteilung für Entsandte

Aufgabenbezug

1. *Aufgabenbezug:* Mitarbeiter werden ins Ausland entsandt, um dort eine spezifische Aufgabe zu erfüllen: Wissen weitergeben, Geschäfte leiten, Strukturen aufbauen, Abläufe kontrollieren, Führungserfahrungen gewinnen usw. Damit verbietet sich eine Beurteilung des Entsandten anhand einer Standardliste von Kriterien. Gegenstand der Beurteilung muss vielmehr der Erfüllungsgrad der Aufgaben sein, die dem Entsandten gestellt sind.

Verhaltensverankerung

2. *Verhaltensorientierung:* Um dem Entsandten einen differenzierten Überblick zu seinen Stärken und Schwächen im Einarbeitungsprozess und darüber hinaus zu vermitteln, eignet sich am besten der Verhaltensansatz: Gegenstand der Beurteilung ist „was" und „wie" der Entsandte arbeitet. Der beobachtete Arbeitsvollzug wird mit dem aus den Arbeitsaufgaben ableitbaren Soll-Leistungen verglichen. Auf eine Beurteilung von Ergebnissen der Aufgabenbearbeitung sollte nur dann zurückgegriffen werden, wenn ein Ist-Verhalten nicht beobachtbar und/oder der Leistungsstandard (Soll-Verhalten) nicht beschreibbar ist.

Berücksichtigung des Umfeldes, in dem der Entsandte arbeitet

3. *Kontextorientierung:* Jede Mitarbeiterbeurteilung läuft Gefahr, den *Fundamentalen Attributionsirrtum* (Ross, 1977) zu begehen. Diese Beurteilungsverzerrung besteht in einer Überschätzung des Einflusses des Beurteilten auf ein beobachtbares Verhalten(sergebnis) bzw. einer Unterschätzung des Beitrags der jeweiligen Situation, in der ein Verhalten (sergebnis) beobachtet wird. Diese Beurteilungsverzerrung wiegt bei der Würdigung der Entsandtenleistung besonders schwer, da Kontextfaktoren, die Tätigkeit und Erfolg des Entsandten beeinflussen, dem Beurteiler nur partiell bekannt sind. So können Bestechungszahlungen im Gastland die Vertriebskosten erhöhen, religiöse Fastenzeiten der Mitarbeiter die Produktivität absenken oder Qualifikationslücken der lokalen Kräfte die Inbetriebnahme einer neuen Anlage verzögern, ohne dass der Entsandte hierfür verantwortlich gemacht werden kann. Angesichts der Vielfalt externer Einflüsse auf die Leistung des Entsandten sind die Beurteilungen um Angaben zum Kontext der Aufgabenerfüllung zu ergänzen. Wichtige Gesichtspunkte können sein: gesetzliche Beschränkungen; Mitarbeiterqualifikation; ökonomische Bedingungen des Gastlandes; Geschäftsgepflogenheiten; Wettbewerbssituation. Erst eine Berücksichtigung des Umfeldes, in dem ein Entsandter agiert hat, ermöglicht eine ausgewogene Beurteilung seiner Leistung. Erreicht beispielsweise der Entsandte als Betriebsleiter einer Textilfabrik in Indonesien eine – an deutschen Verhältnissen gemessen – durchschnittliche Arbeitsproduktivität der lokalen Mitarbeiter, so repräsentiert dies eine

86

herausragende Leistung für ein Umfeld, in dem die durchschnittliche Arbeitsproduktivität ein Drittel der eines deutschen Arbeiters beträgt.

4. *Mehraugenprinzip:* Im Regelfall fungiert allein der deutsche Vorgesetzte als Beurteiler seiner Mitarbeiter. Der tagtägliche und persönliche Kontakt erlaubt, Daten für ein Leistungsbild zu gewinnen. Mit einem internationalen Personaleinsatz verschlechtert sich die Möglichkeit für Vorgesetzte, Aufschluss über den Aufgabenvollzug des zu beurteilenden Entsandten zu erhalten. Teils existiert am ausländischen Arbeitsplatz kein Vorgesetzter, teils wird der Entsandte von einem lokalen Vorgesetzten geführt, der die Aufgabe des Entsandten und damit die Beurteilungskriterien möglicherweise anders gewichtet als der entsendende Unternehmensbereich. Bisweilen ist der Entsandte selbst alleiniger Vorgesetzter am Gastort. Als Ausweg bietet sich an, den Entsandten durch mehrere Personen unabhängig voneinander beurteilen zu lassen. Als Beurteiler kommen beispielsweise zusätzlich Kollegen, Kunden oder nachgeordnete Mitarbeiter in Frage. Damit die zu erwartenden Beurteilungsunterschiede zwischen den einzelnen Beurteilern nicht allein ein interindividuell variierendes Verständnis der Beurteilungsaufgabe signalisieren, ist vorab eine Schulung der Beurteiler zum Umgang mit den Beurteilungsmerkmalen (Ist) und dem Vergleich mit den jeweiligen Leistungsstandards (Soll) erforderlich. Erleichtert wird die vergleichbare Handhabung des Beurteilungssystems, wenn – wie in Punkt 2 gefordert – Verhaltensbeurteilungen und keine Schlussfolgerungen über Persönlichkeitscharakteristika gefordert werden.

Mehrfach-beurteilung

5. *Kürzere Beurteilungsabstände:* Mitarbeiterbeurteilungen werden üblicherweise in einem jährlichen Rhythmus durchgeführt. Um den Entsandten während der Einarbeitungsphase durch die Beurteilung zu unterstützen, sind dagegen verkürzte Zeitabstände (z. B. vierteljährlich) angemessen. Nach der Einarbeitungsphase, wenn der Entwicklungsgesichtspunkt hinter andere Beurteilungszwecke, wie etwa die Gewinnung von Aussagen zum Potenzial des Entsandten für Führungsaufgaben im Heimatland zurücktritt, kann zu dem gewohnten einjährigen Beurteilungsrhythmus zurückgekehrt werden.

Kurze Beurtei-lungsintervalle

Die hier genannten Forderungen an die Gestaltung eines Beurteilungssystems für Entsandte machen deutlich, dass ein maßgeschneiderter Ansatz vorzuziehen ist. Die ungeprüfte Übertragung von im Heimatland bewährten Beurteilungsverfahren auf den internationalen Personaleinsatz gefährdet sowohl die Validität der Urteilsaussgen als auch die Akzeptanz des Beurteilungssystems bei Beurteilern sowie Beurteilten. Bei der Anpassung eines Beurteilungssystems an die besonderen Bedingungen einer Entsendung ist zu beachten, welche Ziele im Gastland mit Mitarbeiterbeurteilungen verknüpft werden, welche Aufgaben dem Entsandten aus der lokalen Perspektive zugeordnet werden, wie spezifische Verhaltensmuster dort interpretiert werden und welche Erfolgsmaßstäbe im Gastland an die Aufgabenerfüllung gelegt werden.

4.5.2 Unterstützung des Einlebens im Gastland

In den ersten Wochen nach Eintreffen im Gastland ist der Entsandte nicht nur mit den Herausforderungen der neuen Position konfrontiert, sondern auch mit der Abwicklung der Umsiedlung.

Aufgaben des Entsandten bei der Umsiedlung

- Suche und Anmietung/Erwerb einer Wohnung,
- Anmeldung der Kinder im Kindergarten/in der Schule,
- Beschaffung eines PKW,
- Eröffnung einer Bankverbindung,
- Vertragsabschluss mit Versorgern (Strom, Wasser, Gas, TV, Telefon),
- Registrierung bei Behörden,
- Orientierung über Einkaufsmöglichkeiten,
- Anschaffung von Gegenständen des täglichen Bedarfs,
- Orientierung über Gesundheitseinrichtungen (Arztpraxen, Apotheken, Kliniken),
- Eintritt in Freizeitclubs,
- Aufnahme von Kontakten zu Fachleuten,
- Suche nach Tätigkeitsfeldern für den Partner.

Unterstützung bei der Umsiedlung

Bei der Abwicklung dieser Tätigkeiten unterstützen den Entsandten sowohl die Fachabteilungen des entsendenden als auch des aufnehmenden Unternehmensbereichs. Zu ihrer Entlastung wird zunehmend häufiger ein *Relocation-Service* eingeschaltet (vgl. Internet-Adressen im Anhang 7.2). Dessen Dienstleistungen reichen von der Organisation von Look-and-see-Trips in der Vorbereitungsphase über die Wohnungssuche, die Organisation des Umzugs, die Begleitung bei Behördengängen im Gastland bis hin zur Einführung in die *sozialen Netzwerke* am Entsendungsort. Insbesondere die Aufnahme von Kontakten zu Landsleuten am Entsendungsort sowie zu Gastlandangehörigen bildet einen wirksamen Ansatz, das Einleben für den Entsandten und seine Familie zu beschleunigen und die dabei auftretenden Anpassungsschwierigkeiten abzumildern. Die neuen Beziehungspartner im Gastland können dem Entsandten und seiner Familie entweder aus eigenem Antrieb oder auf Nachfrage eine Reihe von Unterstützungsleistungen anbieten. Die neu geknüpften sozialen Beziehungen bilden somit neben der Familie und den weiterbestehenden Beziehungen zu Freunden und Verwandten im Heimatland einen Teil des sozialen Unterstützungssystems des Entsandten. Zahlreiche Untersuchungen außerhalb des Bereiches von Auslandsentsendungen verweisen darauf, dass Personen, die über vielfältige soziale Beziehungen verfügen bzw. soziale Unterstützung aus diesem sozialen Netzwerk erfahren, besser vor belastenden Lebensereignissen abgeschirmt sind, Stressoren als weniger bedrohlich einschätzen und die

Integration in die sozialen Netzwerke am Entsendungsort

Belastungssituationen wirksamer bewältigen (Frese & Semmer, 1991). Soziale Unterstützung kann dem Entsandten und seiner Familie in unterschiedlicher Form zuteil werden (vgl. Abschnitt 2.4)

Die Förderung sozialer Unterstützung im Rahmen der Betreuung ist allerdings nicht als Patentrezept zu verstehen. Soziale Unterstützung unterliegt mehreren Beschränkungen. Der Aufbau sozialer Netzwerke und die damit einhergehenden Unterstützungspotenziale können durch Betreuungsmaßnahmen begünstigt, aber nie erzwungen werden. Späterer sozialer Rückhalt muss vom Entsandten vorausschauend durch aktives Bemühen um Kontakte im Gastland gefördert werden.

Grenzen der sozialen Unterstützung

Kurzfristig positive Entlastungseffekte sozialer Unterstützung können langfristig in negative Wirkungen umschlagen. Lange Telefongespräche mit Freunden im Heimatland oder das Engagement in Clubs, die nur von Landsleuten frequentiert werden, können anfangs zwar Heimweh, Desorientierung oder Verärgerung lindern, langfristig behindern sie aber die Auseinandersetzung mit der Gesellschaft des Gastlandes. Zudem kann das Angebot sozialer Unterstützung auf lange Sicht Zweifel an der eigenen Kompetenz zur Bewältigung der Anpassung nähren und letztliche Hilflosigkeit und Abhängigkeit fördern.

Nicht jede Form der angebotenen Unterstützung ist in jeder Situation auch wirklich hilfreich. Das emotionale Unterstützungsangebot des Ehepartners vermag beispielsweise nicht, zutreffende Ratschläge bei der Suche der Wohnung zu ersetzen. Stimmen Unterstützungsangebot und -bedarf nicht überein, können sich soziale Beziehungen zu einer sozialen Belastung entwickeln, die Zeit kosten und mit jeder Hilfeleistung eine „Pflicht zur Gegenleistung" konstituieren.

Mit Blick auf die Betreuungspraxis, die auf das Einleben im Gastland ausgerichtet ist, heben Entsandte immer wieder kritisch hervor, dass der (Ehe-)Partner zu wenig Hilfestellung bei der Suche nach einer Arbeitsstelle, einer Weiterbildungsmöglichkeit oder einer ehrenamtlichen Tätigkeit erfährt (Einfalt, 2000; Stahl, 1998). Dieses Betreuungsdefizit ist besonders problematisch, da Widerstände des berufstätigen Partners eines der am häufigsten genannten Hemmnisse bei der Rekrutierung von Entsendungskandidaten bildet. Darüber hinaus schließen auch weitere Betreuungsangebote (z. B. Sprachkurse; Integrationsseminare) nur im Ausnahmefall die Familie des Entsandten mit ein.

Defizite der Betreuungspraxis

4.5.3 Aufrechterhaltung des Kontakts mit dem entsendenden Unternehmensbereich im Heimatland

Die dritte Gruppe der Betreuungsaktivitäten ist auf die spätere Rückkehr des Entsanden ausgerichtet und sucht eine reibungslose Rückgliederung in das Heimatunternehmen vorzubereiten. Wichtige Instrumente hierfür sind:

Maßnahmen zur Vorbereitung der Rückkehr

- die Fortschreibung des Inlandsgehalts *(Schattengehalt)*,
- Laufbahnplanung,
- Bestellung eines *Mentors/Paten* als Ansprechpartner im Heimatland,
- Weitergabe von Informationen zu Entwicklungen im Heimatunternehmen und im Heimatland,
- finanzielle Unterstützung von Heimaturlauben.

Zusage der Weiterbeschäftigung nach der Rückkehr

Auslandsentsandte streben nach Beendigung des internationalen Einsatzes im Regelfall eine Rückgliederung in die Heimatgesellschaft an. Deutsche Entsandte verfügen meist über eine vertraglich zugesicherte Weiterbeschäftigungsgarantie. Der Wert dieser Zusage wird vom Entsandten allerdings als gering eingeschätzt, da sie nicht spezifiziert, an welchen Standort und auf welche Position der Mitarbeiter zurückkehren wird (Stahl, 1998). Weit verbreitet ist auch die Sorge, während der Entsendung bei der Besetzung attraktiver Positionen im Heimatland übergangen zu werden („Aus den Augen, aus dem Sinn!"). Offensichtlich bilden Auslandseinsätze in der Personalpraxis noch keinen integralen Baustein von geplanten Laufbahnmustern in international tätigen Unternehmen. Vielmehr „unterbricht" ein internationaler Personaleinsatz die in Karriereplänen niedergelegte Abfolge von Positionen im Stellengefüge. Entsprechend schwierig ist die Bereitstellung einer Position, die den im Ausland erworbenen Qualifikationen, Erfahrungen und Ansprüchen des Mitarbeiters angemessen ist. Hinzu kommt, dass in wirtschaftlich turbulenten Zeiten Restrukturierungsmaßnahmen, Akquisitionen, Fusionen, das Outsourcing von Unternehmensteilen oder erfolgsabhängige Einschränkungen bzw. Ausweitungen der Geschäftstätigkeit im Unternehmen eine Laufbahnplanung, die drei bis fünf Jahre Auslandsaufenthalt überbrückt, erschweren.

Laufbahnplanung

Mentorenkonzept

Eine herausragende Rolle im Bündel der Betreuungsaktivitäten spielt daher die Bestellung eines *Mentors*. Hierbei handelt es sich um eine hochrangige Führungskraft der Heimatgesellschaft, die als Ansprechpartner, Ratgeber und Vertreter der Entsandteninteressen in der Heimatgesellschaft auftritt. Im Idealfall verfügt der Mentor selbst über Erfahrungen mit den Arbeits- und Lebensbedingungen im Gastland des Entsandten. Mit diesem Erfahrungshintergrund ist der Mentor am besten in der Lage, bei Personalentwicklungs- und Stellenbesetzungsentscheidungen während der Entsendung die Interessen des Entsandten zu vertreten und den Entsandten gegen Ende des internationalen Einsatzes bei der Suche nach einer neuen Position in der Heimatgesellschaft zu unterstützen. Darüber hinaus steht er für alle im Zusammenhang mit der Heimatgesellschaft auftretenden Fragen als Berater zur Verfügung und informiert kontinuierlich über die Entwicklungen im Unternehmen.

Schattengehalt

In der Entsendungspraxis hat die Bestellung von Mentoren bislang Ausnahmecharakter (Black et al., 1999; Marx, 1996; Stahl, 1998). Sehr viel stärker verbreitet ist dagegen die Bestimmung und Fortschreibung eines

90

fiktiven Gehaltes *(Schattengehalt)* während der Dauer des Auslandseinsatzes, das der inländischen Vergütung für die im Ausland übernommene Position entspricht. Anhand des Schattengehalts bleibt der Entsandte immer über das nach der Rückkehr zu erwartende Mindestgehalt im Inland informiert. Unrealistisch hohe Erwartungen an die Vergütung nach der Rückkehr in die Heimatgesellschaft werden derart vermieden.

4.6   Wiedereingliederung des entsandten Mitarbeiters

Ausbaustand der Wiedereingliederung in der Praxis

Insgesamt sieht sich der Rückkehrer bei Beendigung seines Auslandseinsatzes ähnlich hohen und vielfältigen Anpassungsforderungen gegenüber wie bei der Ausreise (Thomas, 1998). In der Personalpraxis dominiert als Instrument zur Förderung der Wiedereingliederung die Garantie einer Weiterbeschäftigung im entsendenden Unternehmen nach der Rückkehr. Mit knapp 90 % liegt der Anteil von Unternehmen, die diese Zusage abgeben, in Deutschland besonders hoch (Einfalt, 2000; GMAC Global Relocation Services, 2001; Horsch, 1995; Marx, 1996; Tung, 1998). Trotz bestehender Weiterbeschäftigungsgarantie kann allerdings häufig eine den Qualifikationen und Erwartungen des Rückkehrers angemessene Stelle nicht oder nicht sofort bereitgestellt werden. Weitere Maßnahmen, die zur Wiedereingliederung vergleichsweise häufig ergriffen werden, sind die Unterstützung beim Umzug, kontinuierliche Informationen zur Stellensituation im entsendenden Unternehmensbereich sowie Hilfe bei der Stellensuche im wiederaufnehmenden Unternehmensteil (Kühlmann, 2001). Angesichts des fragmentarischen Charakters von Wiedereingliederungsmaßnahmen fällt die Zufriedenheit hiermit bei den Rückkehrern niedrig aus (Einfalt, 2000; Tung, 1998). Nach Angaben von Black et al. (1999) erwarten 74 % aller Rückkehrer in US-amerikanischen Unternehmen, binnen eines Jahres nach der Rückkehr das Unternehmen zu verlassen. Für Deutschland liegt der Anteil wechselwilliger Rückkehrer bei 50 % (Einfalt, 2000).

Leitlinien zur Bewältigung der Wiedereingliederung

Zur Verbesserung der betrieblichen Personalpraxis sollen im folgenden Gestaltungsmöglichkeiten dargestellt werden, die den zurückkehrenden Mitarbeiter bei der Bewältigung der Wiedereingliederung unterstützen. Hierbei können zwei Hauptgruppen von Maßnahmen unterschieden werden:
1. Maßnahmen, die *präventiv* den Umfang von Auslandsentsendungen eines Unternehmens und die Anzahl von Rückkehrern verringern.
2. Maßnahmen, die eine erfolgreiche Wiedereingliederung des Rückkehrers fördern.

Über das Gewicht, das den beiden Maßnahmenbündeln in einem Unternehmen zukommen sollte, kann nur in Abhängigkeit von den Zielen, die ein Unternehmen mit der Entsendung verfolgt, entschieden werden. Ist etwa mit einer Auslandsentsendung vorrangig das Ziel verbunden, die internationale Erfahrung von Nachwuchsführungskräften zu steigern, verbietet sich die präventive Strategie, die Zahl der Entsendungen zu reduzieren.

4.6.1 Prävention von Eingliederungsproblemen

• Entsendung in den letzten Jahren der Berufstätigkeit

Auslandseinsatz älterer Mitarbeiter

Eine berufliche Eingliederung erübrigt sich, wenn Mitarbeiter im fortgeschrittenen Lebensalter entsandt werden und bis zum Erreichen der Altersgrenze im Ausland bleiben. An eine Entsendung von Mitarbeitern wenige Jahre vor ihrem Ausscheiden aus dem aktiven Berufsleben ist besonders dann zu denken, wenn als Entsendungsziel die grenzüberschreitende Koordination der Tätigkeit verschiedener Unternehmensteile im Vordergrund steht. Bei dieser Aufgabe unterstützt die ältere Führungskraft ihr weites Netz in- und ausländischer Beziehungen. Vorteilhaft ist der Einsatz älterer Mitarbeiter auch dann, wenn in einem Gastland (wie z. B. in Japan) Seniorität und Autorität miteinander verknüpft werden. Schließlich bieten sich Führungskräfte im fortgeschrittenen Lebensalter auch deshalb an, weil die Schulausbildung ihrer Kinder bereits abgeschlossen ist und sich auch die Berufskarriere des Partners häufiger dem Ende zuneigt.

• Verkürzung der Entsendungsdauer

Kurzzeitentsendung

Die Beschränkung eines Auslandseinsatzes auf wenige Monate oder Jahre zielt vornehmlich auf Wiedereingliederungsprobleme ab, die in der Internalisierung gastlandspezifischer Geschäftsgepflogenheiten, Arbeitswerte und Lebenseinstellungen durch den Langzeitentsandten begründet sind („going native"). Dieser Vorschlag ist vor allem dann erwägenswert, wenn als Ziel eine Auslandsentsendung der Transfer von Know How im Vordergrund steht. Das Verfolgen von Koordinationszielen (z. B. in Form einer Geschäftsführerposition) oder von Entwicklungszielen setzt hingegen längerfristige Auslandsaufenthalte voraus.

• Bildung von „Entsendungskadern"

Wiederholte Auslandseinsätze

Innerhalb der Gruppe auslandserfahrener Mitarbeiter lassen sich einzelne identifizieren, die zu weiteren Auslandseinsätzen in verschiedenen Ländern bereit sind. Diese Teilgruppe bildet ein Reservoir rasch und flexibel einsetzbarer Entsendungskandidaten. Ein Rückgriff auf dieses Reservoir ist immer dann vorteilhaft, wenn sich im Ausland überraschend eine Aufgabenstellung ergibt, für die weder im Heimatland noch im Gastland qualifizierte Mitarbeiter rasch zur Verfügung stehen (z. B. Vertretung eines erkrankten Geschäftsführers). Ihre Aufgabe als Nothelfer können diese Mitarbeiter allerdings nur dann erfüllen, wenn deren Auslandseinsätze immer wieder von längeren Aufenthalten im entsendenden Unternehmensteil abgelöst werden. Diese Heimataufenthalte sind notwendig, Beziehungsnetze zu pflegen, Wissen aufzufrischen und Erfahrungen weiterzugeben.

92

- *Dauerhafter Übertritt zur Auslandsgesellschaft*

Insbesondere an attraktiven Auslandsstandorten (z. B. Australien, USA) besteht eine verbreitete Tendenz unter den Entsandten, auf Dauer im Gastland bleiben zu wollen. In diesen Fällen bietet es sich an, dass die Entsandten mit der Auslandsgesellschaft einen normalen lokalen Arbeitsvertrag abschließen und im Gastland auf Dauer beschäftigt werden. Insbesondere Koordinationsziele lassen sich auf diese Art und Weise dauerhafter verwirklichen als durch einander abwechselnde Entsandte.

- *Beschäftigung von deutschen Emigranten und deren Nachfahren*

In zahlreichen Ländern, in denen deutsche Unternehmen Auslandsgesellschaften gegründet haben, finden sich deutschstämmige Minoritäten. Die Einstellung von Mitarbeitern aus dieser Gruppe ist mit verschiedenen Vorteilen verknüpft: Sie sprechen sowohl die deutsche als auch die lokale Sprache, sind mit den lokalen Gegebenheiten vertraut, können sich aber zugleich auch in die Besonderheiten der deutschen Geschäftskultur eindenken. Bei Verwirklichung dieser Option ist allerdings ein Aufenthalt im deutschen Unternehmensteil erforderlich, um unternehmensspezifische Kenntnisse zu erwerben und Kontakte zu inländischen Mitarbeitern aufzubauen. Diese Vorgehensweise empfiehlt sich besonders, wenn die Tätigkeiten von Auslandsgesellschaft und deutschem Unternehmensbereich aufeinander abzustimmen sind.

- *Polyzentrische Stellenbesetzung*

Die radikalste Maßnahme zur Prävention von Wiedereingliederungsproblemen besteht im Verzicht auf Auslandseinsätze. Alle Positionen einer Auslandsgesellschaft werden einheimischen Mitarbeitern übertragen. Ebenso wie bei der Einstellung deutschstämmiger Mitarbeiter im Gastland setzt die polyzentrische Stellenbesetzung voraus, dass zumindest die Inhaber von Schlüsselpositionen einen längeren Aufenthalt im deutschen Unternehmensteil absolvieren. Der Aufgabenschwerpunkt für die einheimischen Positionsinhaber liegt dann beim Know How-Transfer sowie in der Koordination der Aktivitäten von Auslandsgesellschaft und deutschem Unternehmensteil. Voraussetzung für die Wahl der polyzentrischen Stellenbesetzung ist die Bereitschaft, einer Auslandsgesellschaft einen hohen Grad an Autonomie in ihren Entscheidungen einzuräumen.

4.6.2 Maßnahmen zur Unterstützung des Rückkehrers bei der Wiedereingliederung

Während die im letzten Abschnitt beschriebenen präventiven Maßnahmen darauf abzielen, den Umfang von Auslandsentsendungen oder die Zahl von Rückkehrern zu vermindern, sollen nun Möglichkeiten beschrieben werden, die ein Unternehmen ergreifen kann, um die Wiedergliede-

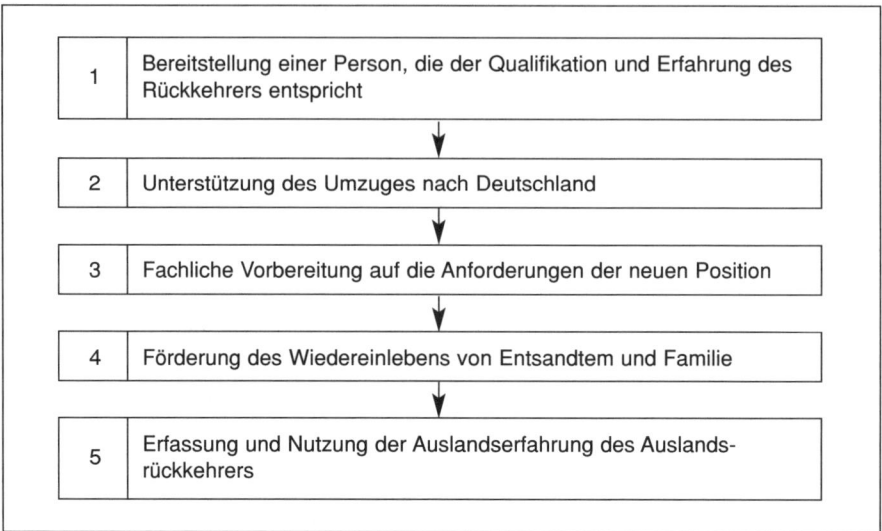

1	Bereitstellung einer Person, die der Qualifikation und Erfahrung des Rückkehrers entspricht
2	Unterstützung des Umzuges nach Deutschland
3	Fachliche Vorbereitung auf die Anforderungen der neuen Position
4	Förderung des Wiedereinlebens von Entsandtem und Familie
5	Erfassung und Nutzung der Auslandserfahrung des Auslandsrückkehrers

Abbildung 19:
Schritte im Rahmen der Wiedereingliederung des entsandten Mitarbeiters

rung eines Mitarbeiters und seiner Familie zu unterstützen (vgl. Abbildung 19).

Maßnahmen, die dem Entsandten die Rückkehr in das Heimatunternehmen erleichtern, sind bereits im Vorfeld einer Entsendung möglich, begleiten den Auslandseinsatz und enden nach der Rückkehr erst, wenn der Mitarbeiter in einer anderen Position die dort anfallenden Aufgaben meistert, mit seiner Tätigkeit zufrieden ist und auch im Privatbereich sich wieder

Tabelle 25:
Beispiele für Wiedereingliederungsmaßnahmen (Kühlmann & Stahl, 1995, S. 195)

Wiedereingliederungs-maßnahmen	im beruflichen Umfeld	im privaten Umfeld
vor der Rückkehr	Betreuung durch einen Mentor	Gewährung von Heimflügen
bei der Rückkehr	Fachliche Weiterbildung zur Beseitigung von Qualifikationsdefiziten	Vermittlung von Kontakten zu anderen Auslandsrückkehrern
nach der Rückkehr	Durchführung eines Workshops zum Transfer der Auslandserfahrungen	Unterstützung bei der Stellensuche des Partners

94

eingelebt hat. Demzufolge müssen sich die Maßnahmen sowohl auf die betriebliche als auch auf die private Wiedereingliederung richten (vgl. Tabelle 25).

Bereitstellung einer Position, die der Qualifikation und Erfahrung des Rückkehrers entspricht

Je näher der Rückkehrzeitpunkt des Entsandten rückt, desto dringlicher wird die Suche nach einer geeigneten Position im Heimatunternehmen. Hierbei erwarten die Mitarbeiter, dass ihre Rückkehrposition den hinzugewonnenen Kompetenzen Rechnung trägt. In einer Umfrage bei 150 US-amerikanischen Unternehmen äußerten 75 % der Befragten, dass die Nutzung der Auslandserfahrung des Rückkehrers am Arbeitsplatz die wirkungsvollste Maßnahme gegen die hohe Fluktuationsrate unter den Rückkehrern darstelle (GMAC Global Relocation Services, 2002). Die Erfüllung von Weiterbeschäftigungsgarantie und Laufbahnerwartung der Mitarbeiter konstituiert für das wiederaufnehmende Unternehmen aus verschiedenen Gründen das zentrale Problem der Wiedereingliederung:

Angebot einer qualitätsgerechten Position nach der Rückkehr

Schwierigkeiten bei der Suche nach einer Rückkehrposition

- Der Entsandte hat im Ausland Qualifikationen und Erfahrungen erworben, die im Heimatunternehmen in dieser Form nicht immer benötigt werden (z. B. Improvisationsvermögen, Sprachkenntnisse).
- Im Verlauf der Entsendung sind Kompetenzen, die der Entsandte für die Rückkehrposition benötigt, veraltet oder in der Zwischenzeit sind neue Anforderungen entstanden, auf die der Entsandte nicht vorbereitet ist.
- Die Entwicklung vieler Unternehmen war in den letzten Jahren durch Downsizing, Outsourcing oder Fusionen charakterisiert, d. h. organisatorische Veränderungen, die zur Schrumpfung der Zahl attraktiver Rückkehrpositionen beigetragen hat.
- Nur im Ausnahmefall existiert im Unternehmen ein langfristig angelegte Laufbahnplanung, die vorab inländische und ausländische Positionen ebenso wie notwendige Qualifizierungsmaßnahmen über die Zeit hinweg zu einem individuellen Karriereplan verknüpfen.

Durch eine Reihe von flankierenden Maßnahmen kann die Bereitstellung einer angemessenen Position für den Rückkehrer erleichtert werden: Für eine Entsendung sind nur die Mitarbeiter auszuwählen, deren Leistungen bislang voll den Erwartungen entsprochen und die zugleich über Entwicklungspotenzial im Hinblick auf die fachlichen und interkulturellen Anforderungen der Auslandsposition verfügen. Ein Mitarbeiter, der bereits vor dem Auslandseinsatz seinen Arbeitsaufgaben nicht gerecht wurde, wird bei der Rückkehr auf Widerstände im Heimatunternehmen stoßen, ihn wieder aufzunehmen.

Um von Anfang an zu einer realistischen Erwartungshaltung beizutragen, ist der Mitarbeiter schon vor der Entsendung mit wichtigen Festlegungen zum Auslandseinsatz bekannt zu machen.

Realistische Vorausschau auf den Auslandseinsatz

– Wie lange wird der Mitarbeiter im Ausland tätig sein?
– Welche Aufgaben wird er dort wahrnehmen?
– Welche Entwicklungsmaßnahmen sind während des Auslandseinsatzes vor Ort und im entsendenden Unternehmensbereich vorgesehen?
– Nach welchen Kriterien wird der Erfolg der Auslandstätigkeit beurteilt?
– Welche Rolle nimmt der Fachvorgesetzte im Stammhaus bei der späteren Wiedereingliederung ein?
– Für welche Position ist der Mitarbeiter nach Entsendung vorgesehen?

Es empfiehlt sich in diesem Zusammenhang, offen über mögliche Entwicklungen zu sprechen, die es notwendig machen, von Festlegungen abzuweichen (z. B. Umstrukturierungen im Unternehmen, vorzeitige Rückkehr aus dem Ausland). Speer (1987) empfiehlt die Einrichtung eines Gremiums, in dem unter Vorsitz eines Mitglieds der Geschäftsleitung ressortbegreifend in regelmäßigen Abständen alle Personalveränderungen zwischen dem Stammunternehmen und den Auslandsniederlassungen behandelt werden.

Stellenclearing im entsendenden Unternehmensteil Die Schaffung eines derartigen Gremiums erleichtert die abteilungsübergreifende Suche nach einer Rückkehrposition, falls die geschäftliche Entwicklung die Wiedereingliederung eines Auslandsentsandten in seine Herkunftsabteilung unmöglich machen sollte. Auf diese Weise soll verhindert werden, dass Mitarbeiter nach ihrer Rückkehr auf einer Warteposition „geparkt" werden, bis eine geeignete Stelle für sie gefunden wird. Die Existenz eines Mentorenprogramms vorausgesetzt, kann die Effektivität eines derartigen Gremiums dadurch verbessert werden, dass die Mentoren von Auslandsentsandten, deren Rückkehrtermin näher rückt (ca. 6 bis 9 Monate vor der Rückkehr), zu Gremiumssitzungen eingeladen werden, um die Interessen der von ihnen betreuten Mitarbeiter zu vertreten.

Rolle des Mentors im Rahmen der Wiedereingliederung In Abschnitt 4.5.3 haben wir bereits die Rolle eines Mentors, d. h. einer international erfahrenen Führungskraft des entsendenden Unternehmensteils, bei der Betreuung während der Entsendung dargestellt. Im Zusammenhang mit der Wiedereingliederung hat er weitere Aufgaben. Er soll …
– den Entsandten über vakante Positionen, die für ihn in Frage kommen, informieren,
– auf Weiterbildungsangebote im Heimatunternehmen achten und bei Bedarf für den Entsandten eine Teilnahme ermöglichen,
– als Fürsprecher des Entsandten bei vakanten Positionen auftreten,
– beim Einarbeiten und Einleben nach der Rückkehr helfen,
– Entwicklungsfortschritte des Entsandten registrieren und weitergeben.

Damit keine Qualifikationsdefizite den Übergang in die Rückkehrposition erschweren, müssen während des Auslandseinsatzes regelmäßig der Weiterbildungsbedarf des Entsandten erfasst und ihm Möglichkeiten zur Verbesserung seiner Fach-, Methoden- und Sozialkompetenz eingeräumt werden. Es empfiehlt sich, die Entsandten auch zu firmeninternen und -externen Tagungen, Kursen und Seminaren im Heimatland einzuladen, was aus Kostengründen mit dem jährlichen Heimaturlaub verbunden werden kann. Die Teilnahme an Weiterbildungsveranstaltungen bietet auch Gelegenheit zum Erfahrungsaustausch, zur Kontaktpflege und zur Berichterstattung im Heimatunternehmen. Ein derartiger Informations- und Weiterbildungsaufenthalt sollte seitens der Personalabteilung genutzt werden, um offen über Probleme zu sprechen, die sich bereits jetzt für die Rückkehr abzeichnen.

Untersuchungsergebnisse von Adler (1981) belegen, dass Mitarbeiter, die während ihres Auslandseinsatzes regelmäßig über wichtige Vorkommnisse im Heimatunternehmen informiert werden, eine realistischere Erwartungshaltung ausbilden, bei der Rückkehr weniger unliebsame Überraschungen erleben und nach eigener Einschätzung effektiver arbeiten. Während fachliche Informationen in der Regel von der Fachabteilung des Heimatunternehmens weitergeleitet werden, ist es Aufgabe der Personalabteilung, die Mitarbeiter im Ausland regelmäßig über wichtige Veränderungen im entsendenden Unternehmensteil zu unterrichten (Unternehmenspolitik, Personalbereich, Organisationsstruktur, Produktpalette, Märkte usw.). Der Informationsbedarf lässt sich teilweise durch Zusendung von Firmenzeitungen, Rundschreiben und Fachzeitschriften decken. Einige US-amerikanische Unternehmen stellen die wichtigsten unternehmensbezogenen Nachrichten regelmäßig auf Videobändern zusammen und senden sie an die Auslandsgesellschaften. Besonders hoch ist der Informationsbedarf unmittelbar vor der Rückkehr.

Unterstützung des Umzugs nach Deutschland

Ein Großteil der Energien des Mitarbeiters und seiner Familie werden bei der Rückkehr durch Tätigkeiten gebunden, die sich im Zusammenhang mit dem Umzug ergeben (Verkauf oder Kündigung der Wohnung im Gastland; Einleitung des Umzugs; Wohnungssuche in Deutschland; Wiederanmeldung in Deutschland usw.). Hierfür stehen *Relocation-Services* zur Verfügung. Mittlerweile gibt es auch in Deutschland derartige Dienstleistungsfirmen, die sich darauf spezialisiert haben, den Umzug des Mitarbeiters und seiner Familie zu unterstützen. Zumindest sollte von der Personalabteilung eine Checkliste erarbeitet werden, die einer zurückkehrenden Familie Hinweise darauf gibt, wie sie selbst aktiv werden muss.

Bei einer größeren Diskrepanz zwischen den letzten Auslandseinkünften und dem Gehalt nach der Rückkehr sollte eine zeitlich befristete Anpassungsregelung gefunden werden. Das Unternehmen kann seine Anerkennung für die Bereitschaft, mehrere Jahre für die Firma im Ausland zu verbringen, in Form eines Rückkehrer-Bonus ausdrücken. Manche Firmen gewähren zinslose Darlehen oder Gehaltsvorschüsse für Neuanschaffungen. Sehr hilfreich kann es für eine zurückgekehrte Familie auch sein, wenn die Firma eine Finanzberatung anbietet.

Einführung in die neue Position

Einarbeitung

Das Fachwissen eines Technikers oder Ingenieurs kann nach fünf Jahren Auslandstätigkeit so weit überholt sein, dass ein sofortiger Einsatz im Stammhaus nicht möglich ist. Dem zurückgekehrten Mitarbeiter sollte deshalb Gelegenheit gegeben werden, sein Fachwissen in Weiterbildungsveranstaltungen auf den neuesten Stand zu bringen. War ein Mitarbeiter im Ausland in einer Führungsposition eingesetzt, kann der landestypische Führungsstil auf den Mitarbeiter „abgefärbt" haben und eine besondere Schulung des Führungsverhaltens erforderlich machen. Da externe Weiterbildungsveranstaltungen die private Wiedereingliederung durch häufige Trennungen des Mitarbeiters von der Familie verzögern, kommt der Weiterbildung am Arbeitsplatz eine besondere Bedeutung zu.

Es empfiehlt sich zudem, ähnlich wie bei einem neu angestellten Mitarbeiter, eine Einarbeitungszeit vorzusehen, in der die Anforderungen an den Rückkehrer erst nach und nach erhöht werden. Übernimmt der Auslandsrückkehrer eine Führungsposition, sollte ihm die Gelegenheit gegeben werden, zunächst einige Zeit mit der Führungskraft, deren Position er einnehmen wird, als Stellvertreter zusammenzuarbeiten.

Vorbereitung der Kollegen des Rückkehrers

Fast alle Auslandsrückkehrer teilen die Erfahrung, dass ihnen im beruflichen Umfeld sehr wenig Verständnis für ihre Situation nach der Rückkehr entgegengebracht wird (Hirsch, 2003). Eine der Ursachen hierfür besteht in den unrealistischen Vorstellungen vom Arbeits- und Lebensalltag während eines Auslandseinsatzes bei vielen Kollegen, die selbst noch nie für längere Zeit im Ausland gelebt haben. Um die zukünftigen Vorgesetzten, Kollegen und Mitarbeiter für die schwierige Situation des Auslandsrückkehrers zu sensibilisieren, empfiehlt es sich, dass ein Vorgesetzter oder der Mentor des Entsandten im Kreis der künftigen Kollegen des Rückkehrers mögliche Probleme, die im Zusammenhang mit der Wiederanpassung auftreten können, offen anspricht und um Verständnis wirbt.

Benennung eines gleichrangigen Ansprechpartners für den Rückkehrer

Ist für den Entsandten ein Mentor benannt worden, steht dem Mitarbeiter unmittelbar nach seiner Rückkehr ein Ansprechpartner zur Verfügung, an den er sich bei Schwierigkeiten wenden kann. Der Mentor wird dem Mitarbeiter jedoch nur in seltenen Fällen bei Problemen fachlicher Art zur Seite stehen können. Da es sich in der Regel um eine hochrangige Führungskraft handelt, hat der Auslandsrückkehrer möglicherweise auch Hemmungen, häufig den Rat seines Mentors einzuholen. Viele Rückkehrer wenden sich lieber an einen ranggleichen Kollegen, weil sie dabei ungezwungener fachliche und persönliche Probleme ansprechen können. Es bietet sich deshalb an, dem Auslandsrückkehrer in seiner zukünftigen Abteilungen einen in etwa ranggleichen Ansprechpartner zuzuweisen. Der Kollege ist dann Trainer „on the job" und Vertrauensperson in einem.

Wiedereingliederungsseminare zielen darauf ab, dass die Rückkehrer Veränderungen, die während des Auslandsaufenthalts in ihrer Persönlichkeit und im Heimatland eingetreten sind, erkennen lernen und ihre Erfahrungen mit der Rückkehr austauschen (Hirsch, 2003). Das üblicherweise geringe Interesse der Kollegen und Vorgesetzten an ihren Auslandserfahrungen wird im Kreis der Auslandsrückkehrer aufgefangen und es werden Handlungsmöglichkeiten in typischen Konfliktsituationen des Arbeitsalltags erarbeitet. So provozieren viele Rückkehrer geradezu die Ablehnung von Kollegen und Vorgesetzten, indem sie ständig auf ihre Auslandserfahrungen verweisen. Derartige Verhaltensweisen können in Rollenspielen auf ihre Konsequenzen hin überprüft und modifiziert werden. Da das genaue Ausmaß der Wiedereingliederungsprobleme meist erst nach einigen Wochen absehbar ist und die Familie in der Zeit unmittelbar nach der Ankunft von der Übersiedlung in Anspruch genommen wird, empfiehlt es sich, den Rückkehrer frühestens nach ein, zwei Monaten im Heimatland zu einem derartigen Seminar einzuladen. Das Programm eines Wiedereingliederungsseminars verdeutlicht exemplarisch der folgende Kasten.

Teilnahme an Wiedereingliederungsseminaren

Programm eines Wiedereingliederungsseminars (Hirsch, 2003, S. 426)
Einheit 1 „Zwischen eigener und fremder Kultur"
Eine Einstimmung in das Seminarprogramm und die Thematik. Methodik: Auseinandersetzung mit Kurzgeschichten, den Ausreise- und Rückkehrerfahrungen anderer, Diskussion von Kurzfilmen.
Einheit 2 „Von der Ausreise zur Rückkehr"
Herausarbeiten der wichtigen Unterschiede der Kulturen. Methodik: moderierter Erfahrungsaustausch der Seminarteilnehmer.
Einheit 3 „Weibliche Rückkehr, männliche Rückkehr"
Herausarbeiten der geschlechtsspezifischen Rückkehrprobleme. Die Bedeutung des Partners/der Partnerin bei der Bewältigung von Rückkehrproblemen. Methodik: Kleingruppenarbeit Moderation in Männer- und Frauengruppen.

Beispiel eines Wiedereingliederungsseminars

99

Einheit 4 „Rückkehr in die BRD – Rückkehr in ein fremdes Land"

Thematisierung der mit der Rückkehr in die BRD verbundenen Erwartungen, Vorstellungen und Hoffnungen und wie diese erfüllt bzw. nicht erfüllt wurden. Die Rolle des gesellschaftlichen und sozialen Wandels in der Heimat. Methodik: Kleingruppenarbeit, Rollenspiele und Arbeit mit Bildern.

Einheit 5 „Meine Position zwischen Ausland und BRD"

Versuch einer Positionsbestimmung wichtiger Lebens-, Arbeits- und Gefühlsbereiche. Methodik: individuelles Bearbeiten eines Fragebogens, Diskussion der aus diesem Fragebogen resultierenden Profile.

Einheit 6 „Anstöße aus dem Auslandsaufenthalt"

Herausarbeiten der wichtigen Qualifikationen, die durch die Auslandstätigkeit erworben werden konnten. Widerstände bei der Umsetzung dieser Fähigkeiten in der BRD. Methodik: Zweiergespräche, moderierte Kleingruppenarbeit.

Einheit 7 „Persönliches Szenario"

Einordnung der Auslandserfahrungen in die persönliche Lebens-, Berufs- und Karriereplanung. Methodik: Angeleitete Einzelarbeit der Teilnehmer.

Einheit 8 „Phasen der Reintegration"

Verdeutlichung des Prozesscharakters der Reintegration. Positionsbestimmung der Teilnehmer in diesem Prozess. Methodik: Vortrag, Einzelarbeit, Diskussion.

Einheit 9 „Zurück in der Heimat"

Auseinandersetzung mit der Unternehmenskultur und -philosophie des Heimatunternehmens. Methodik: Übungen zur Kooperation, zu Team- und Führungsverhalten aus dem inländischen Seminarprogramm. Diskussion der damit verbundenen Schwierigkeiten.

Einheit 10 „Die andere Seite: Personal- und Bereichsleiter"

Die Heimkehrer treffen auf die für die Integration in das Heimatunternehmen maßgeblichen Personen. Diese stellen ihre Erwartungen vor, berichten über Chancen und Probleme bei der Reintegration. Methodik: Präsentationen und moderierte Diskussionen zu den Ergebnissen der einzelnen Einheiten.

Einheit 11 „Seminarauswertung"
Abschlussdiskussion. Vorschläge zur Verbesserung der Seminarkonzeption. Abstimmung des weiteren Vorgehens. Methodik: Diskussion, Evaluationsfragebogen.

Förderung des Wiedereinlebens von Entsandtem und Familie

Dem Mitarbeiter und seiner Familie sollte eine jährliche Heimreise gewährt werden, die auch für Gespräche mit Ansprechpartnern in der Herkunftsabteilung und Personalabteilung, mit dem Mentor und wichtigen Kontaktpersonen im Stammhaus genutzt werden sollte. Besonders wichtig ist die jährliche Heimreise für die Familie. Während der Mitarbeiter in der Regel ständigen beruflichen Kontakt mit Ansprechpartnern im Heimatland hält und auf Geschäftsreisen Beziehungspflege im Stammhaus betreiben kann, besteht bei der Familie eine größere Gefahr, dass frühere Kontakte abbrechen und die Familie bei der Rückkehr sozial isoliert ist. Eine jährliche Heimreise kann helfen, frühere Beziehungen im Heimatland wieder aufzufrischen und zu vertiefen. Von dem (Ehe-)Partner können die Heimreisen zusätzlich genutzt werden, um nach geeigneten Wiedereinstiegspositionen zu suchen und Bewerbungsaktivitäten zu entfalten.

Heimataufenthalte der Familie während der Entsendung

Ähnlich wie bei der Entsendung in eine fremde Kultur ist der begleitende Partner bei der Rückkehr aus dem Ausland oftmals stärkeren Belastungen ausgesetzt als der Mitarbeiter selbst. In dieser Situation kann die gegenseitige Unterstützung von ebenfalls frisch aus dem Ausland zurückgekehrten Familien hilfreich sein, insbesondere dann, wenn nach langen Jahren im Ausland viele Freundschaften abgebrochen sind. Die Personalabteilung sollte zu diesem Zweck eine Adressenliste von früheren Auslandsrückkehrern führen, die bereit sind, ihre Erfahrungen an jüngst aus dem Ausland zurückgekehrte Familien weiterzugeben. In einigen US-amerikanischen Firmen wurden „Rückkehrer-Klubs" ins Leben gerufen, in denen sich Familien früherer Entsandter regelmäßig treffen und neu zurückgekehrten Kollegen und Familien Unterstützung anbieten.

Erfahrungsaustausch zwischen Rückkehrern

Hirsch (2003) empfiehlt, dass der (Ehe-)Partner des Auslandsrückkehrers ebenfalls an Reintegrationsseminaren teilnimmt. In vielen Fällen musste der Partner die eigene berufliche Karriere für den Auslandsaufenthalt aufgeben. In dem Seminar können spezifische Rückkehrprobleme der Familie besprochen und – zusammen mit anderen Rückkehrerfamilien – Möglichkeiten zu ihrer Bewältigung erarbeitet werden. Eine Zusammenstellung von Seminarinhalten und Trainingsmethoden gibt Sussman (1986, S. 244 f.). Mitunter ist allein schon die Möglichkeit zum Erfahrungsaustausch mit anderen zurückgekehrten Paaren hilfreich, da sich bei dieser Gelegenheit zeigt, dass man nicht allein Wiedereingliederungsprobleme durchlebt.

Teilnahme am Wiedereingliederungsseminar

Falls der (Ehe-)Partner nach der Rückkehr keine geeignete Arbeitsstelle findet, sollte die Firma bei der Stellensuche behilflich sein. Dies gilt insbesondere dann, wenn der Partner die eigene berufliche Tätigkeit aufgeben musste, um den Auslandseinsatz zu ermöglichen. In Ausnahmefällen mag es sogar möglich sein, eine geeignete Stelle im wiederaufnehmenden Unternehmensbereich zu finden, falls die beruflichen Voraussetzungen und personalpolitischen Grundsätze des Unternehmens zur Beschäftigung von Ehegatten erfüllt sind. Beispielsweise könnte der zurückgekehrte Partner vom Unternehmen beschäftigt werden, um die Familien von zukünftigen Entsandten auf den Auslandseinsatz vorzubereiten. Es ist anzunehmen, dass die (Ehe-)Partner von Entsandten, die mehrere Jahre im Ausland gelebt haben, mit den Ängsten und Bedürfnissen der Familien, die vor einem Auslandseinsatz stehen, oftmals besser umgehen können und mehr über das Einsatzland zu berichten wissen als ein professioneller Trainer.

Erfassung und Nutzung der Auslandserfahrung des Entsandten

Im Verlauf des Auslandseinsatzes hat der Entsandte eine Fülle von Kenntnissen, Fähigkeiten und Fertigkeiten erworben. Ihre systematische Erfassung, Dokumentation, Weitergabe und Nutzung wird bislang in international tätigen Unternehmen nur zögerlich betrieben. Im folgenden sind einige Vorschläge aufgeführt, wie die Auslandserfahrungen der Rückkehrer dem Unternehmen zur Verfügung gestellt werden können:

- Rückkehrer wirken beratend bei der Auswahl, Vorbereitung und Betreuung von Entsendungskandidaten mit.
- Ehemalige Entsandte konzipieren und realisieren Weiterbildungsmaßnahmen für Entsendungskandidaten, deren Familien sowie für Mitarbeiter, die mit ausländischen Partnern kooperieren.
- In schwierigen Geschäftssituationen vermitteln Rückkehrer durch Nutzung ihres im Ausland aufgebauten Netzwerkes an Beziehungen zu ausländischen Kollegen, Behördenvertretern, Lieferanten usw. rasch und wirksam Auswege.
- In Arbeitsgruppen analysieren ehemalige Entsandte, ob und wie Instrumente der Unternehmensführung, die sie im Ausland kennen gelernt haben, auf das Heimatunternehmen übertragbar sind.
- Rückkehrer beteiligen sich als lokale Experten bei der Analyse von Risiken und Chancen auf ausländischen Märkten sowie von Stärken und Schwächen des Unternehmens bei der Bearbeitung dieser Märkte.
- Nach der Rückkehr werden Kenntnisse und Erfahrungen, die Mitarbeiter im Ausland gewonnen haben, erfasst, aufbereitet, in Datenbanken gespeichert und über das Internet/Intranet allen Unternehmensmitgliedern zur Verfügung gestellt.

102

Untersuchungen über den Erfolg der hier beschriebenen Optionen zur Wiedereingliederung rückkehrender Mitarbeiter liegen bislang nur in Form von Einzelfallstudien vor. Insbesondere fehlen Untersuchungen zur Wiedereingliederung der (Ehe-)Partner und zu der Rolle, die unternehmensseitig gewährte Hilfsmaßnahmen hierbei spielen. Angesichts der Fülle von Herausforderungen, denen sich ein Mitarbeiter und seine Familie bei der Rückkehr aus dem Ausland stellen muss, kann allerdings unterstellt werden, dass ein Maßnahmen-Mix erfolgversprechender ist als eine Einzelmaßnahme und frühzeitig im Entsendungsprozess einsetzende Wiedereingliederungshilfen wirksamer sind als Aktivitäten, die erst mit der Rückkehr des Entsandten starten.

Unterstützung der Wiedereingliederung durch ein Maßnahmen-Mix

In der Diskussion um die Wiedereingliederung von Auslandsrückkehrern wird allgemein unterstellt, dass diese auch an einem dauerhaften Verbleib im entsendenden Unternehmen interessiert sind. Neuere Umfrageergebnisse von Tung (1998) und Einfalt (2000) stellen diese Annahme aber in Frage. Beide Umfragen identifizieren bei den befragten amerikanischen und deutschen Auslandsentsandten eine verbreitete Haltung zur eigenen beruflichen Laufbahn, die als „grenzenlose Karriere" bezeichnet wird (Arthur & Rousseau, 1996). In diesem Karrierekonzept wird die berufliche Entwicklung nicht mehr vorrangig mit einer langfristigen Beschäftigung bei einem Unternehmen und einem unternehmensinternen Aufstieg verknüpft. Vielmehr wird die Zugehörigkeit zu einem Unternehmen von vorneherein als zeitlich befristet angesehen. Der Mitarbeiter ist bereit, zwischen verschiedenen Unternehmen zu wechseln, um seine individuellen Karrierepläne zu verwirklichen. Gemäß dieser instrumentellen Haltung zur Mitgliedschaft in einem Unternehmen suchen Mitarbeiter nach Qualifikationen und Erfahrungen, die ihre Attraktivität auf den externen Arbeitsmärkten (*employability*) steigern. Kompetenzen, die im Rahmen eines Auslandseinsatzes erworben werden, fördern Beschäftigungsfähigkeit und Marktwert der entsandten Mitarbeiter sowohl für den gegenwärtigen als auch für potenzielle weitere Arbeitgeber. Entsprechend positiv bewerten die von Tung (1998) und Einfalt (2000) befragten Mitarbeiter ihren Auslandseinsatz, trotz der gleichzeitig geäußerten Kritik an dessen Gestaltung durch das Unternehmen. Mit der Verbreitung des beschriebenen Karrieremusters droht dem Unternehmen einen rasche Abwanderung von Mitarbeitern, die vielfältige Erfahrungen und Qualifikationen in der internationalen Unternehmenstätigkeit erworben haben, d. h. eine Kernkompetenz im internationalen Wettbewerb darstellen. Hieraus ergibt sich für die internationale Personalarbeit als neue Herausforderung: Wie identifiziere ich Mitarbeiter mit Auslandserfahrung, deren Karriereansprüche mit den Karrieremöglichkeiten des Unternehmens in Einklang gebracht werden können und mit welchen Angeboten können diese zumindest mittelfristig an ein Unternehmen gebunden werden? Einfache Antworten hierauf sind nicht zu erwarten.

„Grenzenlose Karriere" als Herausforderung für die internationale Personalarbeit

5   Literaturempfehlungen

Black, J. S., Gregersen, H. B., Mendenhall, M. E. & Stroh, L. K. (1999). *Globalizing people through international assignments*. Reading: Addison-Wesley.

Scherm, E. (1999). *Internationales Personalmanagement* (2. Aufl.). München: Oldenbourg.

Weber, W. Festing, M., Dowling, P. J. & Schuler, R. (2001). *Internationales Personalmanagement* (2. Aufl.). Wiesbaden: Gabler.

6   Literatur

Adelman, M. B. (1988). Cross-cultural adjustment. A theoretical perspective on social support. *International Journal of Intercultural Relations, 12,* 183–204.

Adler, N. J. (1981). Re-entry: Managing cross-cultural transitions. *Group & Organization Studies, 6,* 341–356.

Adler, N. J. (1997). *International dimensions of organizational behavior* (3rd ed.). Cincinnati: South-Western College.

Adler, P. S. (1975). The transitional experience: An alternative view of culture shock. *Journal of Humanistic Psychology, 15,* 13–23.

Amir, Y. (1994). The contact hypothesis in intergroup relations. In W. J. Lonner & R. S. Malpass (Eds.), *Psychology and culture* (pp. 231–237). Boston: Allyn & Bacon.

Arthur, W. & Bennett, W. (1995). The international assignee: The relative importance of factors perceived to contribute to success. *Personnel Psychology, 48,* 99–114.

Arthur, M. B. & Rousseau, D. M. (1996). (Eds.). *The boundaryless career. A new employment principle for a new organizational era*. New York: Oxford University Press.

Bandura, A. (1977). *Social learning theory*. Englewood Cliffs: Prentice Hall.

Bennett, M. J. (1986). Towards ethnorelativism: A developmental model of intercultural sensitivity. In R. M. Paige (Ed.), *Cross-cultural orientation. New conceptualizations and applications* (pp. 27–69). Lanham: University Press of America.

Berry, J. W. (1994). Acculturative stress. In W. J. Lonner & R. S. Malpass (Eds.), *Psychology and culture* (pp. 211–215). Boston: Allyn & Bacon.

Berry, J. W. & Sam, D. L. (1997). Acculturation and adaptation. In: J. W. Berry, M. H. Segall & C. Kagitcibasi (Eds.), *Handbook of cross-cultural psychology* (2nd ed., pp. 291–325). Boston: Allyn & Bacon.

Black, J. S. (1992). Coming home: The relationship of expatriations with repatriation adjustment and job performance. *Human Relations, 45,* 177– 192.

Black, J. S. & Mendenhall, M. E. (1989). A practical but theory-based framework for selecting cross-cultural training methods. *Human Resource Management, 28,* 511–539.

Black, J. S. & Mendenhall, M. E. (1990). Cross-cultural training effectiveness: A review and a theoretical framework for future research. *Academy of Management Review, 15,* 113–136.

Black, J. S. & Mendenhall, M. E. (1991). The U-curve adjustment hypothesis revisited: A review and theoretical framework. *Journal of International Business Studies, 22,* 225–247.

Black, J. S., Mendenhall M. E. & Oddou, G. (1991). Toward a comprehensive model of international adjustment: An integration of multiple theoretical perspectives. *Academy of Management Review, 16,* 291–317.

Black, J. S., Gregersen, H. B., Mendenhall, M. E. & Stroh, L. K. (1999). *Globalizing people through international assignments.* Reading: Addison-Wesley.

Bonache, J. & Cervino, J. (1997). Global integration without expatriates. *Human Resource Management Journal, 7,* 89–100.

Caligiuri, P. M. (2000). The big five characteristics as predictors of expatriate's desire to terminate the assignment and supervisor-rated performance. *Personnel Journal, 53,* 67–88.

Caligiuri, P. M., Joshi, A. & Lazarova, M. (1999). Factors influencing the adjustment of women on global assignments. *International Journal of Human Resource Management, 10,* 163–179.

Campbell, J. (1978). *Der Heros in tausend Gestalten.* Frankfurt/M.: Suhrkamp.

Costa P. T. & McCrae, R. R. (1992). *Revised NEO Personality Inventory and NEO Five Factor Inventory.* Professional Manual. Odessa: Psychological Assessment Resources.

Cui, G. & Awa, N. E. (1992). Measuring intercultural effectiveness: An integrative approach. *International Journal of Intercultural Relations, 16,* 311–328.

Cushner, K. & Brislin, R. W. (1997). (Eds.), *Improving intercultural interactions. Modules for cross-cultural training programs.* Thousand Oaks: Sage.

Daniels, J. D. & Insch, G. S. (1998). Why are early departure rates from foreign assignments lower than historically reported? *Multinational Business Review. Spring,* 13–23.

De Cieri, H. & Dowling, P. J. (1997): Strategic international HRM: An Asia Pacific perspective. *Management International Review, Special Issue,* 21–43.

Deshpande, S. P. & Viswesvaran, C. (1992). Is cross-cultural training of expatriate managers effective: A meta analysis. *International Journal of Intercultural Relations, 16,* 295–310.

Deutsche Gesellschaft für Personalführung e. V. (1995). *Der internationale Einsatz von Fach- und Führungskräften. Ein Ratgeber von Experten für die Praxis.* Köln: Bachem.

Dinges, N. G. (1983). Intercultural competence. In D. Landis & R. W. Brislin (Eds.), *Handbook of intercultural training* (Vol. 1, pp. 176–202). New York: Pergamon Press.

Downes, M. (1996). SIHRM: Overseas staffing considerations at the environmental level. *Journal of International Management, 6,* 31–50.

Einfalt, C. (2000). *Auslandseinsatz und Karriere. Eine Befragung entsandter Fach- und Führungskräfte deutscher Unternehmen.* Unveröffentlichte Diplomarbeit, Universität Bayreuth.

Feldman, D. C. & Thomas, D. C. (1992). Career management issues facing expatriates. *Journal of International Business Studies, 23,* 271–294.

Feldman, D. C. & Tompson, H. B. (1993). Expatriation, repatriation, and domestic geographical relocation: An empirical investigation of adjustment to new job assignments. *Journal of International Business Studies, 24,* 507–529.

Flanagan, J. C. (1954). The critical incident technique. *Psychological Bulletin, 51,* 327–358.

Frese, M. & Semmer, N. (1991). Stressfolgen in Abhängigkeit von Moderatorvariablen: Der Einfluss von Kontrolle und sozialer Unterstützung. In S. Greif, E. Bamberg & N. Semmer (Hrsg.), *Psychischer Stress am Arbeitsplatz* (S. 135–153). Göttingen: Hogrefe.

Furnham, A. & Bochner, S. (1986). *Culture shock. Psychological reactions to unfamiliar environments.* New York: Methuen.

Galbraith, J. & Edström, A. (1976). International transfer of managers: Some important policy considerations. *Columbia Journal of World Business, 11,* 100–112.

GMAC Global Relocation Services, 2002: *Global relocation trends. 2001 survey report.* Warren, N. J.

Gregersen, H. B. & Black, J. S. (1992). Antecedents to commitment to a parent company and a foreign operation. *Academy of Management Journal, 35,* 65–90.

Gregersen, H. B., Black, J. S. & Hite, J. (1995). Expatriate performance appraisal: Principles, practices, and challenges. In J. Selmer (1995) (Ed.), *Expatriate management: New ideas for international business* (pp. 173–195). Westport: Greenwood.

Gudykunst, W. B. & Kim, Y. Y. (1992). *Communicating with strangers: An approach to intercultural communication* (2nd ed.). New York: McGraw-Hill.

Heenan, D. A. & Perlmutter, H. V. (1979). *Multinational organization development. A social architectural perspective.* Reading: Addison-Wesley.

Hirsch, K. (2003). Reintegration von Auslandsmitarbeitern. In N. Bergemann & A. L. J. Sourisseaux (Hrsg.), *Interkulturelles Management* (2. Aufl., S. 417–430). Berlin: Springer.

Horsch, J. (1995). *Auslandseinsatz von Stammhaus-Mitarbeitern. Eine Analyse ausgewählter personalwirtschaftlicher Problemfelder multinationaler Unternehmen mit Stammsitz in der Bundesrepublik Deutschland.* Frankfurt a. M.: Lang.

Iten, P. A. (2001). Virtuelle Auslandseinsätze von Mitarbeitern. Merkmale und Anforderungen einer neuen Entsendungsform. *Zeitschrift Führung und Organisation, 70,* 168–174.

Kammhuber, S. (2000). *Interkulturelles Lernen und Lehren.* Wiesbaden: Deutscher Universitäts-Verlag.

Kealey, D. J. (1989). A study of cross-cultural effectiveness: Theoretical issues, practical applications. *International Journal of Intercultural Relations, 13,* 387–428.

Kealey, D. J. (1996). The challenge of international personnel selection. In D. Landis & R. S. Bhagat (Eds.), *Handbook of intercultural training* (2nd ed., pp. 80–105). Thousand Oaks: Sage.

Kealey, D. J. & Protheroe, D. R. (1996). The effectiveness of cross-cultural training for expatriates: An assessment of the literature on the issue. *International Journal of Intercultural Relations, 20,* 141–165.

Kirkbride, P. S., Durcan, J. & Tang, S. F. Y. (1990). The possibilities and limits of team-training in South East Asia. *Journal of Management Development, 9,* 41–50.

Kohls, L. R. & Knight, J. M. (2001): *Developing intercultural awareness. A cross-cultural training handbook* (2nd ed.). Yarmouth: Intercultural Press.

Kühlmann, T. M. (1995). *Mitarbeiterentsendung ins Ausland: Auswahl, Vorbereitung, Betreuung und Wiedereingliederung.* Göttingen: Verlag für Angewandte Psychologie.

Kühlmann, T. M. (2001). The German approach to developing global leaders via expatriation. In M. Mendenhall, T. M. Kühlmann & G. K. Stahl (Eds.), *Developing global business leaders. Policies, processes, and innovations* (pp. 57–71), Westport: Quorum.

Kühlmann, T. M. & Stahl, G. K. (1995). Die Wiedereingliederung von Mitarbeitern nach einem Auslandseinsatz: Wissenschaftliche Grundlagen. In T. M. Kühlmann (Hrsg.), *Mitarbeiterentsendung ins Ausland: Auswahl, Betreuung und Wiedereingliederung* (S. 177–215). Göttingen: Verlag für Angewandte Psychologie.

Kühlmann, T. M. & Stahl, G. K. (1998a). Anforderungen an Mitarbeiter in internationalen Tätigkeitsfeldern. *Personalführung, 31,* 44–55.

Kühlmann, T. M. & Stahl, G. K. (1998b). Diagnose interkultureller Kompetenz: Entwicklung und Evaluierung eines Assessment Centers. In C. Barmeyer und J. Bolten (Hrsg.), *Interkulturelle Personalorganisation* (S. 213–224). Berlin: Wissenschaft & Praxis.

Kühlmann, T. M. & Stahl, G. K. (2001). Problemfelder des internationalen Personaleinsatzes. In H. Schuler (Hrsg.), *Lehrbuch der Personalpsychologie* (S. 534–557). Göttingen: Hogrefe.

Kutschker, M. & Schmid, S. (2002). *Internationales Management.* München, Oldenbourg.

Landis, D., Brislin, R. & Hulgus, J. (1985). Attributional training versus contact in acculturative training: A laboratory study. *Journal of Applied Social Psychology, 15,* 466–482.

Langeloh, C., Stahl, G. K. & Kühlmann, T. M. (1999). *Geschäftlich in den USA: Ein interkulturelles Trainingshandbuch.* Wien: Ueberreuter.

Lazarus, R. S. & Folkman, S. (1984). *Stress, appraisal, and coping.* New York: Springer.

Linehan, M. & Scullion, H. (2001). Challenges for female international managers: Evidence from Europe. *Journal of Managerial Psychology, 16,* 215–228.

Lysgaard, S. (1955). Adjustment in a foreign society. Norwegian Fulbright grantees visiting the United States. *International Science Bulletin, 7,* 45–51.

Marx, E. (1996). *International human resource practices in Britain and Germany.* London: Chameleon.

Mendenhall, M. E. & Oddou, G. R. (1985). The dimensions of expatriate acculturation: A review. *Academy of Management Review, 10,* 39–47.

Mendenhall, M. E. & Oddou, G. R. (1986). Acculturation profiles of expatriate managers: Implications for cross-cultural training programs. *Columbia Journal of World Business, 21,* 73–39.

Mendenhall, M. E. & Stahl, G. K. (2000). Expatriate training and development: Where do we go from here? *Human Resource Management, 39,* 251–265.

Mendenhall, M. E., Punnett, B. J. & Ricks, D. (1995). *Global management.* Cambridge: Blackwell.

Mendenhall, M. E., Kühlmann, T. M. Stahl, G. K. & Osland, J. S. (2002). Employee development and expatriate assignments. In M. J. Gannon & K. L. Newman (Eds.), *Handbook of cross-cultural management* (pp. 155–183). Oxford: Blackwell.

Moore, K. & Lewis, D. (1999). *Birth of the multinational.* Copenhagen: Copenhagen Business School Press.

Müller, S. & Gelbrich, K. (2001). Interkulturelle Kompetenz als neuartige Anforderung an Entsandte: Status quo und Perspektiven der Forschung. *Zeitschrift für betriebswirtschaftliche Forschung, 53,* 246–272.

Oberg, K. (1960). Cultural shock: Adjustment to new cultural environments. *Practical Anthropologist, 7,* 177–182.

Ogger, G. (1978). *Die Fugger. Geschichte einer Familie.* München: Droemer Knaur.

Osland, J. (1995). *The adventure of living abroad: Hero tales from the global frontier.* San Francisco: Jossey-Bass.

Parker, B. & McEvoy, G. M. (1993). Initial examination of a model of intercultural adjustment. *International Journal of Intercultural Relations, 17,* 335–379.

PriceWaterhouseCoopers (2001). *International assignments. European policy & practice. Keytrends 1999/20.* London.

Rauen, C. (2003). *Coaching.* (Praxis der Personalpsychologie, Bd. 2). Göttingen: Hogrefe.

Rigby, M. (1987). The challenge of multinational team development. *Journal of Management Development, 6,* 65–72.

Ross, L. (1977). The intuitive psychologist and his shortcomings: Distortions in the attribution process. In: L. Berkowitz (Ed.), *Advances in experimental social psychology* (Vol. 10; pp. 173–220). New York: Academic Press.

Schuler, H. (1992). Das Multimodale Einstellungsinterview. *Diagnostica, 38,* 281–300.

Schuler, H. (2002). *Das Einstellungsinterview.* Göttingen: Hogrefe.

Scullion, H. & Brewster, C. (2001). The management of expatriates: Messages from Europe? *Journal of World Business, 36,* 346–365.

Simon, H. (1996). *Die heimlichen Gewinner. Die Erfolgsstrategien unbekannter Weltmarktführer.* Frankfurt/M.: Campus.

Speer, H. (1987). Auswahl und Vorbereitung sowie Betreuung der Mitarbeiter im Ausland. *Personalführung, 20,* 460–465.

Stahl, G. K. (1995). Ein strukturiertes Auswahlinterview für den Auslandseinsatz. *Zeitschrift für Arbeits- und Organisationspsychologie, 39,* 84–90.

Stahl, G. K. (1998). *Internationaler Einsatz von Führungskräften.* München: Oldenbourg.

Sussman, N. M. (1986). Re-entry research and training: Methods and implications. *International Journal of Intercultural Relations, 10,* 235–254.

Suutari, V. & Brewster, C. (1999). International assignments across European borders: no problem? In: C. Brewster & H. Harris (Eds.), *International HRM: Contemporary issues in Europe* (pp. 183–202). London: Routledge.

Thomas, D. C. (1998).The expatriate experience: A critical review and synthesis. In J. L. Cheng & R. B. Peterson (Eds.), *Advances in international comparative management* (Vol. 12, pp. 237–273). Greenwich: JAI.

Torbiörn, I. (1982). *Living abroad: Personal adjustment and personnel policy in the overseas setting.* New York: Wiley.

Trautwein, G. (1999). Der dynamische Charakter der Auslandsvergütung. In: J. Joha (Hrsg.), *Vergütung und Nebenleistungen bei Auslandsbeschäftigung* (S. 81–94). Frechen: Datakontext.

Tung, R. L. (1981). Selection and training of personnel for overseas assignments. *Columbia Journal of World Business, 16,* 68–78.

Tung, R. L. (1982). Selection and training procedures of US, European and Japanese multinationals. *California Management Review, 25,* 57–71.

Tung, R. L. (1988). Career issues in international assignments. *The Academy of Management Executive, 2,* 241–244.

Tung, R. L. (1997). *Exploring international assignees' viewpoints: A study of the expatriation/repatriation process.* Chicago: Arthur Andersen.

Tung, R. L. (1998). American expatriates abroad: From neophytes to cosmopolitans. *Journal of World Business, 33,* 125–144.

UNCTAD United Nations Conference on Trade and Development (2002). *World investment report. Transnational corporations and export competitiveness.* New York.

Weber, W. Festing, M., Dowling, P. J. & Schuler, R. (2001). *Internationales Personalmanagement* (2. Aufl.). Wiesbaden: Gabler.

Welge, M. K. & Holtbrügge, D. (1998). *Internationales Management.* Landsberg/Lech: Moderne Industrie.

Welge, M. K. & Holtbrügge, D. (2000). Motive für die Auslandstätigkeit von Fach- und Führungskräften. In Gerhard und Lore Kienbaum Stiftung, J. Gutmann & R. Kabst (Hrsg.), *Internationalisierung im Mittelstand. Chancen – Risiken – Erfolgsfaktoren* (S. 315–325). Wiesbaden: Gabler.

Winter, G. (1986). German-American student exchange: Adaptation problems and opportunities for personal growth. In R. M. Paige (Ed.), *Cross-cultural orientation. New conceptualizations and applications* (pp. 311–339). Lanham: University Press of America.

Wirth, E. (2002). Internationaler Einsatz von Mitarbeitern. In K. Maess & D. Franke (Hrsg.), *Das Personal Jahrbuch 2002. Wegweiser für zeitgemäße Personalarbeit* (S. 326–336). Neuwied: Luchterhand.

Wolf, J. (1994). *Internationales Personalmanagement. Kontext-Koordination-Erfolg.* Wiesbaden: Gabler.

Wolf, J. (1997). Strategische Orientierung und Koordination des Personalmanagements in internationalen Unternehmen. *Die Betriebswirtschaft, 53,* 357–375.

Zee, K. van der & Oudenhoven, J. P. van (2000). The Multicultural Personality Questionnaire: A multidimensional instrument of multicultural effectiveness. *European Journal of Personality, 14,* 291–309.

7 Anhang

7.1 Mustervertrag „Befristete Versetzung" (Deutsche Gesellschaft für Personalführung, 1995, S. 134 ff.)

Starchemie GmbH, München
Herrn
Rainer Müller
Abt. Polymerprodukte
im Hause

Ihre befristete Versetzung in die USA

Sehr geehrter Herr Müller,

absprachegemäß werden Sie vom 1. Januar 1996 an zur Star Chemical Corp. in Philadelphia versetzt. Sie werden als Marketing Manager Polymer Products tätig werden. Ihr Einsatz ist für 3 Jahre vorgesehen. Eine Verlängerung bis zu max. 5 Jahren ist mit jeweils sechsmonatiger Vorankündigung möglich. Sollten Sie danach unbefristet bei der Star Chemical Corp. verbleiben, erfolgt Ihr weiterer Einsatz zu lokalen Bedingungen. Der ruhende Vertrag mit unserer Gesellschaft würde dann aufgehoben. Im Zusammenhang mit dieser Versetzung möchten wir folgendes mit Ihnen vereinbaren:

Anstellungsverhältnis: Ihr Anstellungsvertrag mit unserer Firma vom 1. 4. 1993 ruht ab 31. 12. 1995. Vom gleichen Zeitpunkt an werden Sie einen neuen Vertrag von der Star Chemical Corp. erhalten.

Bezüge: Ihre Jahresbezüge bei der Star Chemical betragen 100.000 US $ brutto. Das bisherige Inlandsgehalt wird ab 1. 1. 1996 als Schattengehalt fortgeschrieben und entsprechend den im Inland jeweils geltenden Regelungen sowie Ihren Leistungen im Ausland weiterentwickelt.

Mietsituation: 15 Prozent Ihrer letzten Inlands-Jahresbezüge werden Ihnen als zumutbarer Eigenanteil an Ihrer Miete in Philadelphia angerechnet. Im laufenden Kalenderjahr sind das 18.000 DM = 12.000 US $. Der eventuell darüber liegende Mietanteil wird als Mietzuschuß von der Firma getragen.

– Vor Anmietung einer Wohnung bitten wir Sie, sich mit uns über die Mietbedingungen abzustimmen. Bis zum Einzug in eine geeignete Wohnung werden Sie im Hotel wohnen. Die Hotelkosten werden von der Star Chemical Corp. getragen.

Weiterbeschäftigung: Nach Beendigung Ihres Arbeitsverhältnisses mit der Star Chemical Corp. lebt Ihr ruhendes Anstellungsverhältnis mit uns wieder auf. Sie sollen dann entsprechend Ihren Kenntnissen und Fähigkeiten eingesetzt werden.

109

Soweit zu diesem Zeitpunkt keine angemessene Position bei uns frei ist, bieten wir Ihnen eine gleichwertige Weiterbeschäftigung in einem uns wirtschaftlich verbundenen Unternehmen an. Ihre neuen Bezüge richten sich nach der dann zu übernehmenden Position. Eine positive Beurteilung Ihrer Auslandstätigkeit wird dabei berücksichtigt.

Das ruhende Arbeitsverhältnis lebt nicht wieder auf, sondern erlischt,
- wenn Sie durch eigene Kündigung oder einvernehmlich aus den Diensten der Star Chemical Corp. ausscheiden, es sei denn, dass ein vertragswidriges Verhalten auf Seiten der Star Chemical Corp. vorlag, das Sie nach deutschem Recht zu einer fristlosen Kündigung berechtigt hätte,
- wenn das Arbeitsverhältnis aus in Ihrer Person oder in Ihrem Verhalten liegenden Gründen beendet worden ist, die nach deutschem Recht eine Kündigung durch die Star Chemical Corp. rechtfertigen.

Wir behalten uns vor, Sie jederzeit von der Star Chemical Corp. zurückzurufen. Ihr Arbeitsverhältnis mit der Star Chemical Corp. endet dann, ohne dass es einer weiteren Rechtshandlung bedarf.

Reisekosten: Die Kosten für den Hin- und Rückflug nach Philadelphia in der Business-Class für Sie und Ihre Familie werden von der Firma getragen.

Umzugskosten: Die Kosten für den Transport Ihres Hausrates einschließlich Versicherung von München nach Philadelphia und zurück werden ebenfalls von der Firma übernommen. Voraussetzung dafür ist ein angemessener Umfang des Umzugsgutes und eine frühzeitige Abstimmung von Einzelheiten zwischen Ihnen und den zuständigen Stellen im Hause bzw. in der Landesgesellschaft. Die Firma kann die Umzugskosten auch pauschal übernehmen. Dazu bedarf es einer Sondervereinbarung, nachdem konkrete Angebote von durch die Firma bestimmten Speditionsfirmen vorliegen.

Umzugsnebenkosten: An den Umzugsnebenkosten beteiligt sich die Firma entsprechend der Richtlinie. Sie wollen uns bitte zu gegebener Zeit die Kostenbelege zustellen. Darüber hinaus gewähren wir Ihnen eine Ausreisepauschale in Höhe von 3.000 DM. Sie dient der Abgeltung kleinerer Auslagen, wie der Kosten von Reisepässen, Visa, Anzeigen usw.

Pkw: Die Star Chemical Corp. stellt Ihnen einen Firmenwagen zur Verfügung, den Sie entsprechend der dortigen Richtlinie nutzen dürfen. Ihren Privatwagen werden Sie in Deutschland verkaufen. Wie vereinbart, werden wir Ihnen eine eventuelle Differenz zwischen dem Schätzwert des Wagens und dem Verkaufserlös zu 90 % erstatten.

Urlaub: Während Ihrer Tätigkeit in den USA haben Sie Anspruch auf Jahresurlaub entsprechend der dortigen Urlaubsrichtlinie. Hierbei werden Ihre Dienstjahre im Konzern berücksichtigt. Darüber hinaus gewähren wir Ihnen Heimaturlaub gemäß unserer beiliegenden Richtlinie. Während Ihres Aufenthaltes im Heimatland stehen Sie der Firma zu geschäftlichen Besprechungen zur Verfügung. Die dafür erforderliche Zeit wird dem Urlaubsanspruch zugerechnet.

Sozialversicherung: Durch Ihre Versetzung endet Ihre Versicherungspflicht bei der deutschen Renten- und Arbeitslosenversicherung. Entsprechend dem Sozialversicherungsabkommen zwischen der BRD und den USA haben wir jedoch eine Freistellung von der Versicherungspflicht in den USA beantragt und werden Ihre deutsche

110

Sozialversicherung „auf Antrag" fortführen. Eine freiwillige Fortführung der Arbeitslosenversicherung ist nicht möglich.

Betriebliche Altersversorgung: Ihre betriebliche Altersversorgung wird entsprechend der hier geltenden Regelung fortgeführt. Basis für die jährliche Dotierung ist Ihr fortgeschriebenes Inlandsgehalt (Schattengehalt). Wenn Sie im Ausland zusätzliche Versorgungsansprüche aufgrund von Firmenbeiträgen erwerben, werden wir diese auf Ihre betriebliche Versorgungsansprüche anrechnen, die Sie während dieser Zeit bei uns oder – auf Basis des firmenfinanzierten Anteils – bei einem selbständigen Versorgungsträger (Pensionskasse) erreicht haben.

Entlassungsentschädigungen: Es besteht Einvernehmen darüber, dass Sie eine eventuelle Abgangs- oder Entlassungsentschädigung oder sonstige Gelder, die am Ende Ihrer Auslandstätigkeit nach dortiger Gepflogenheit gezahlt werden, nicht in Anspruch nehmen werden. Fließen Ihnen solche Leistungen aufgrund einer Vorschrift zu, werden Sie sie an uns abführen. Wir können sie auch in Abstimmung mit Ihnen auf Ansprüche anrechnen, die Sie bei der Beendigung Ihres Auslandseinsatzes gegen uns haben, auf die Erstattung von Umzugs- oder Umzugsnebenkosten, oder sie von Ihrem künftigen Inlandsgehalt einbehalten. Wahlweise können wir eine solche Abgangs- oder Entlassungsentschädigung auch in Höhe eines nach versicherungsmathematischen Grundsätzen ermittelten Betrages auf Ihre Versorgungsansprüche gegen das Unternehmen oder einen selbständigen Versorgungsträger anrechnen. Um dies zu ermöglichen, treten Sie Ihre Ansprüche gegenüber einem selbständigen Versorgungsträger in Höhe des firmenfinanzierten Anteils vorsorglich an uns ab.

Krankenversicherung: Ihre bei der Techniker-Krankenkasse bestehende Krankenversicherung wird vereinbarungsgemäß ab Ihrem Ausreisetag gekündigt. Sie kann nach Ihrer Rückkehr mit allen alten Rechten wieder aufleben. Für die Dauer Ihrer Tätigkeit in Philadelphia schließen wir im Rahmen eines Gruppenversicherungsvertrages bei der „Internationalen Krankenversicherung", Köln, eine Auslandskrankenversicherung für Sie und Ihre Familie ab. Der Monatsbeitrag für diese beträgt zur Zeit 500 DM und wird je zur Hälfte von Ihnen und von der Firma getragen. Ihre Zusatzversicherungen werden als Anwartschaftsversicherungen weitergeführt.

Pflegeversicherung: Ihre Pflegeversicherung wird während Ihrer Versetzung in eine Anwartschaftsversicherung umgewandelt. Die Beiträge werden je zur Hälfte vom Unternehmen und Ihnen getragen.

Unfallversicherung: Die gesetzliche Unfallversicherung bei der Berufsgenossenschaft werden wir auf Ihre Tätigkeit in den USA ausdehnen. Darüber hinaus schließen wir eine zusätzliche Unfallversicherung bei der „Internationale Lebensversicherung AG" ab, durch die sowohl private als auch dienstliche Unfälle abgedeckt sind.

Verrechnung der Versicherungsbeiträge: Wir werden die Star Chemical Corp. über die Höhe der verschiedenen Versicherungsbeiträge informieren und weiter belasten, damit Ihre Anteile von Ihren Bezügen einbehalten werden können.

Verhalten: Wir erwarten, dass Sie die Gesetze und Bestimmungen Ihres Gastlandes beachten und die dort herrschenden Sitten und Gebräuche respektieren. Im übrigen setzen die in diesem Schreiben zugesagten Leistungen die ordnungsgemäße Erfüllung Ihrer arbeitsvertraglichen Pflichten voraus.

Schlussbemerkung: Wir bitten, über den Inhalt dieses Schreibens Dritten gegenüber Stillschweigen zu wahren.

Die Ihnen überreichte Richtlinie Internationaler Personaltransfer Nr. 999 gilt als Bestandteil dieses Versetzungsantrages. Auf der beiliegenden Kopie wollen Sie bitte Ihr Einverständnis mit dem Inhalt des Vertrages bestätigen.

Für Ihre Tätigkeit in den USA wünschen wir Ihnen alles Gute und viel Erfolg.

Star Chemie GmbH, München

7.2   Hilfreiche Webseiten

Adresse	Erläuterung
www.auswärtiges-amt.de	Auswärtiges Amt. *Detaillierte Länder- und Reiseinformationen zu allen Ländern der Erde*
www.bfa.de	Bundesversicherungsanstalt für Angestellte. *Überblick zu internationalen Regelungen und Abkommen der Sozialversicherung.*
www.bdae.de	Bund der Auslands-Erwerbstätigen. *Umfangreiches Beratungsangebot zum Entsendungsmanagement (Versicherung, Gehaltsfindung, Vertragsgestaltung).*
www.bundesverwaltungsamt.de	Bundesverwaltungsamt. *Informationen über Auslandsschulen und Anerkennung von Schulabschlüssen. Infostelle für Auswanderer und Auslandstätige.*
www.dvka.de	Deutsche Verbindungsstelle Krankenversicherung Ausland. *Ausführliche Informationen zum Versicherungsschutz im Ausland. Download von Merkblättern.*
www.dse.de/za	Deutsche Stiftung für Internationale Entwicklung. *Landeskundliche Informationen zu 37 Ländern; Selbststudienangebot zur interkulturellen Kommunikation; zahlreiche Hinweise auf Internet-Ressourcen.*
www.inwent.org	Internationale Weiterbildung und Entwicklung. *(Zusammenschluss von Carl Duisberg Gesellschaft und Deutscher Stiftung für internationale Entwicklung). Programmangebot zur Auslandsfortbildung in zahlreichen Ländern.*

112

www.destatis.de	Statistisches Bundesamt. *Internationale Übersichten zur Kaufkraft des Euro im Ausland; Gehälter und Arbeitszeiten im Ausland.*
www.rsb-relocation.de	RSB Relocation Services und -Beratung. *Betreuungsprogramm bei internationalen Wohnsitzwechseln*
www.cs-relocation.de	C+S Relocation Management. *Betreuungsprogramm bei internationalen Transfers von Mitarbeitern; Büroraumsuche; Standortverlagerung.*
www.crownrelo.com	Crown Relocations. *Betreuungsprogramm für internationale Umzüge. Betreuung während des Auslandsaufenthalts.*
www.de.ey.com	Ernst & Young. *Beratung zu internationalen Steuerfragen und Entsendungsverträgen.*
www.kpmg.de	KPMG, Deutschland. *Beratung zu Steuerfragen bei Auslandsentsendungen (Doppelbesteuerungsabkommen).*
www.pwc.com	Price Waterhouse Coopers. *Beratung zur Besteuerung, sozialen Absicherung und Arbeitserlaubnis von Entsandten.*
www.orcinc.com	Organization Resources Counselors. *Angebot von Gehaltsrechnungen für Entsandte; Lebenshaltungskosten-Index; Ermittlung von Erschwerniszulagen.*
www.eca-international.com	Employment Conditions Abroad. *Beratungsangebote zu allen Aufgaben des Personalmanagements im Rahmen einer Auslandsentsendung.*
www.mercerhr.com	Mercer Human Resource Consulting. *Berechnung von Auslandszulagen. Ländervergleich zu Gehältern und Beschäftigungsbedingungen, Lebenshaltungskosten und Lebensqualität. Länderkundliche Informationen.*
ekkehard.wirth@zp.siemens.de	International Delegation Center, Siemens. *Einkommensberechnung bei Auslandsentsendungen.*
www.imAusland.org	*Kontakte, Tipps und Tricks zur Bewältigung des Lebens im Ausland. Richtet sich an deutsche Familien im Ausland.*

www.shellspouseemployment.com	Spouse Employment Centre des Shell-Konzerns. *Tipps und Informationen für den begleitenden (Ehe-)Partner eines Entsandten.*
www.expatica.com	*Informationen für Auslandsentsandte in Europa (Wohnung, Umzug, Stellensuche). Artikel zur internationalen Personalarbeit.*
www.expatexchange.com	*Umfangreiche Informationen zum Leben und Arbeiten in zahlreichen Ländern der Welt; Führer zu internationalen Bildungsangeboten.*
www.intermundo.net	*Online-Diskussionen und Informationen zur interkulturellen Kommunikation.*
www.getcustoms.com	*Zahlreiche Online-Artikel zu den Do's and Dont's in verschiedenen Ländern.*
www.goingglobal.com	*Internationale Karriereberatung. Länderkundliche Informationen zu zahlreichen Ländern.*
www.ifim.de	Institut für Interkulturelles Management. *Überblick zu den interkulturellen Beratungs- und Trainingsleistungen des Instituts. Diskussionsforum für Auslandsaufenthalte; länderkundliche Informationen; Hinweise zur Ausreisevorbereitung. Links zu deutschsprachigen Informationsdiensten, Zeitungen, Kinderportalen, Frauenseiten im Netz u. v. m.*
www.itim.org	ITIM: Culture and Management Consultants. *Übersicht zu den Seminaren und Beratungsangeboten. Fitness-Quiz und Fallbeispiele zu interkulturellen Missverständnissen. Überblick zu den Modellen interkulturellen Managements.*
www.farnhamcastle.com	Centre for International Briefing. *Übersicht zu interkulturellen Managementtrainings, länderkundlichen Seminaren und Rückkehrveranstaltungen.*
www.sqt.siemens.de	Siemens Qualification and Training. *Programmübersicht zu Trainings und Coachings für die internationale Zusammenarbeit.*
www.ifa.de	Institut für Auslandsbeziehungen. *Trainings- und Coaching-Angebote zum Management. Links zu einer Online-Bibliothek; zahlreiche Links u. a. zu Online-Katalogen und Datenbanken.*
www.1.dgfp.com	Deutsche Gesellschaft für Personalführung. *Übersicht über das umfangreiche Seminarangebot zum internationalen Personalmanagement.*

www.sietar.de	Society for Interculture Education, Training and Research (SIETAR). *Zugang zu zahlreichen Online-Dokumentation über Themen der interkulturellen Kommunikation; Übersicht zu interkulturellen Studien.*
www.worldbiz.com	*Kostenpflichtige Berichte zu den Geschäftskulturen zahlreicher Länder; Überblick zu interkulturellen Trainingsangeboten.*
www.7d-culture.nl	Trompenaars Hampden-Turner: Culture for Business. *Trainings- und Beratungsangebote von F. Trompenaars und C. Hampden-Turner; Download von Artikeln zum interkulturellen Management; Quiz zur interkulturellen Kompetenz.*
www.worldlearning.org	World Learning: Education and Training for Global Effectiveness. *Programm eines weltweit tätigen Anbieters für internationale Personalentwicklung.*
www.interculture.de	Internationale Unternehmensberatung, Interkulturelles Training & Coaching. *Übersicht zu interkulturellem Training, Beratung und Coaching. Interkulturelle Sommerakademie mit Länderworkshops; Online-Test zur interkulturellen Kompetenz; Online-Module zum interkulturellen Lernen; Landeskundliche Information.*
www.interculturalpress.com/ shop/index.html.	Intercultural Press. *Programm des größten Spezialverlags für Interkulturelles Management. Online-Buchshop.*